打造理想的家

# 厨房卫浴

## 设·计·与·改·造

B+A编辑部 著

江西科学技术出版社

# 目录 | Contents

# PART 1 厨房装修必知

# 厨房装修必知

动线、收纳、排烟、设计，不可忽视的关键问题

摆脱传统闷热狭窄的油腻印象，新时代的厨房正由功能单一的烹饪区域，跃升为居家的交流乐园。怎么运用设计手法，打造充满笑声的乐园厨房？42个现代乐园厨房的装修必知，更新你的厨房观念。

## 观念篇

Point 01

### 如何选择适合的厨房？

**依照生活习惯，选择厨房功能。**生活习惯包括是否经常在家做饭、饮食偏向中式或西式、是否要加入社交娱乐功能等，有了清楚的空间需求认知，自然就能选择出最符合需求的厨房功能。

Point 02

### 面积小是不是只能配基本厨房？

**空间重复利用，形成多功能厨房。**许多人在规划厨房时，会因家中厨房不大而放弃许多想要的功能，其实小面积厨房也可以拥有吧台、中岛厨设等功能，可先将自己的想法与设计师沟通，寻求解决方案。

Point 03

### 习惯热炒烹调就不适合用开放式厨房吗？

**加装推拉门，半开放厨房可弹性调整。**由于家人习惯中式饮食，无法避免热炒的烹饪过程，即使很羡慕别人在厨房烹饪时能与家人聊天互动，也没办法改变现状吗？其实不然，中式饮食者可以选择在厨房与餐厅间加装推拉门，平时可以完全开放，只要在炒菜时将门关上即可。

面积大小并非决定厨房样式的绝对条件，只有50平方米的小面积住宅采用开放式厨房设计后，也能获得宽敞舒适的视觉效果。

开放式厨房与室内空间的融合最重要之处，在于色彩与设计元素的凸显、融合。

## 观念篇

Point 04

### 小面积厨房要注意什么?

**收纳及动线,决定小厨房是否好用。**装修公司对于小面积房屋的厨房功能配置不够重视,可能造成不符合实际使用需求的情况。事实上小面积空间因为寸土寸金,在收纳功能与工作动线上更要强化处理。

Point 05

### 怎么让开放式厨房看起来整齐?

**设置电器柜,台面保持净空。**想让厨房开放、优雅的第一要务就是将台面上的电饭锅、微波炉、烤箱等杂物都事先定位,收入专属的电器柜内,台面清空就能维持空间整洁,也使得台面功能大增。

Point 06

### 有什么方法可以让亲友更喜欢一起待在厨房?

**添加娱乐功能,提升厨房使用率。**以往厨房的功能被定位为烹调烹饪,但新厨房设计概念强调的是,在厨房里添加与好友喝茶、亲子交谈或讨论功课的功能,建议您不妨在厨房里加入电视影音等设备,增加厨房娱乐功能。

烹饪方式通常是决定厨房是否采用开放式设计的关键,但加设玻璃滑轨门,也能解决油烟外散的问题。

厨房里的物品全都整齐收纳于适当的位置,不仅方便随时取用,也让厨房整体保持在最舒服的视觉画面上。

厨房空间不甚宽敞更需要详细规划,以期达到空间最高利用率。

新厨房设计概念更强调厨房的多功能使用形态,可以作为好友欢度午后时光、亲子交谈、讨论功课的自在天地。

Point 07

## 开放空间感觉很乱?

**利用地板、天花板的材质或颜色区隔空间。**餐厅与厨房因空间互相开放、共享而产生更多交集，也让整体在视觉上有被放大的效果。可利用地面、壁面或天花板的材质变化来界定空间，让空间感觉更丰富。

Point 08

## 设吧台还有什么好处?

**吧台高于工作台台面可遮凌乱。**在开放式厨房的规划里，吧台高度通常会高于烹饪台面，是希望以吧台来遮掩厨房内部景象。但要注意的是，有学龄前儿童的家庭，吧台高度最好不要太高，让在厨房工作的妈妈能随时越过台面，看到孩子的一举一动。

受限于狭长的空间，厨房可能是位于无良好采光或对外窗的位置，此设计采用浅色地面融合厨房与餐厅，消除视觉沉闷感，使整体空间更开阔。

当餐厅、厨房之间无实墙分隔时，将天花板造型或材质差异作为区域属性转换的界定。

Point 09

## 早餐台还是吧台好用?

**早餐台用途多于吧台。**以实际使用的角度考虑，早餐台远优于传统酒吧吧台，尤其对于有学龄儿童的家庭来说，早餐台的高度较无危险性，可作为亲子课业讨论桌或者工作桌。

Point 10

## 开放厨房近客厅看起来很突兀?

**空间融合从色彩安排开始。**许多人担心开放式厨房与其他空间的融合问题，设计师说明，空间设计的重点在于色彩搭配，利用相近色彩来使空间产生延伸感，再利用一两个相同元素来连接内外空间即可。

将热炒区另辟一室，是预防油烟外散的好方案，但一般烹饪前的备料工作可安排在开放厨房里进行。

吧台是半开放厨房常见的设计，但在高度上应高于厨房内的工作台面，是维持厨房整洁的省力方式。

## 设计篇

Point 11

### 开放式厨房容易给孩子造成危险吗?

**另设热炒间，孩子在厨房也安心。**家中另设热炒区的另一个优点在于降低厨房的危险性，少了炉火、油滑的威胁，孩子也可以在开放式厨房中，帮忙做些简单的备料工作，可增进亲子关系。

Point 12

### 不希望油烟沾染厨房?

**经常下厨建议另辟热炒区。**对于习惯中式烹饪的家庭来说，除了加装推拉门防止油烟外散，还考虑到众多中式锅碗瓢盆及其处理程序较为烦琐，不易维持厨房整洁美观，在空间面积允许的情况下，也可另外规划小热炒间。

Point 13

### 封闭式厨房设计要注意什么?

**门片开合的动线要畅通。**传统厨房要注意动线的安排，在开关门片的设计上，要事先考虑开门的便利性，最好可直接推出，拉门则要在厨房内的门口设计暂放台面，以免遇到端着菜无法开门的窘境。

Point 14

### 多大面积适合设计一字形厨房?

**6平方米以下面积较适合设计一字形厨房。**一般公寓最常见的一字形厨房面积多为6平方米以下，在使用功能上则以安排吊柜、放置工作柜的做法居多，如果要调整工作动线，如炉台与工作台、水槽等位置都相当容易，一般消费者可自行调配。

约6平方米的厨房空间，选用L形厨具再搭配便餐桌的设置，让小厨房也能拥有开阔的视野。

Point 15

## 多大面积才适合配置 L 形厨具?

**L 形厨具适用于 10 平方米以上厨房。**封闭式厨房若想要配置 L 形厨具，最少需要 10 平方米，如此台面使用上较为便利。L 形厨具台面能增加使用功能，冰箱、炉台及洗涤槽构成黄金三角，彼此距离 60~90 厘米，在工作动线上最为省时省力，称为黄金动线。

Point 16

## 热炒间应该要设置在哪里?

**位于开放式厨房后段，动线顺畅。**热炒间的位置会紧接在开放式厨房的后段，如果是偶尔下厨的人，热炒区只需预留炒区，若是经常使用者不妨增加收纳等空间。但是一般烹调前的备料工作仍安排在开放厨房，让工作者也能有较好的环境。

Point 17

## 中岛厨房需要多大面积的空间才适合?

**中岛厨房要 16 平方米以上空间才能显得气派。**很多人向往国外厨房的岛厨设置，不过从空间面积上考虑，中岛吧台必须留有两侧走道空间，每侧至少要有 90 厘米宽，加上其本身台面宽度，因此，家中厨房最好要有 16 平方米以上才适合。

虽然室内只有40平方米，但在设计上利用隔间柜和餐吧台，为一字形厨房争取了改造为Π字形厨房的机会。

## 景观篇

Point 18

### 窗户应该开在厨房哪个位置?

**水槽前方是最佳开窗位置。**在厨房工作时，最长久待的位置就是水槽区，洗菜、备菜、洗碗等都在这里。为了解除长时间辛劳地工作带来的无聊感，选择将窗户开在此处。

Point 19

### 整组厨具还是少了点味道?

**厨房也要有好视野。**在国外，厨房与餐厅空间是家庭中最核心的区域，因此会将最好的景观区留给厨房，如果向往这样的生活环境，不妨考虑为自家厨房设置观景窗，纳入户外的绿意景色。

Point 20

### 厨具高低要以什么为依据?

**厨房设备的高低尺寸都须符合家人身高与人体工学。**比如说，水槽需高于工作台面，而炉台则是最低的，如此使用上才不会产生不顺手的情况，如果家人身高差距大，可以加装下降式的橱柜。

厨房里开设观景窗的位置最好安排在水槽区，增添洗菜、备菜、洗碗等工作的乐趣。

Point 21

## 厨房看起来枯燥乏味?

**厨房造景有助于调节工作情绪。**身居都市之中，由于大楼建筑拥挤，厨房即使有对外窗也不一定能有很好的景观视野。设计师建议，不妨利用后阳台做造景，以南方松等户外材质、植栽创造户外景象。

Point 22

## 想要不被噪音干扰的烹饪环境?

**气密窗兼具隔音与美化景观的效果。**厨房的窗户选配也是一门学问。比如说，外推设计的气密窗不仅具有隔音效果，也可将防火巷、工作阳台、洗衣间等处嘈杂的干扰阻绝在厨房外，同时气密窗面积较大，画面上较无切割等影响美观的问题，另外，也可以选用隐藏式纱窗来增强美化效果。

中岛厨房可以考虑减少上柜的比例，让空间更显开阔，门窗应选择拥有良好隔音效果的款式。

Point 23

## 不想另做吧台?

**在厨房中安排咖啡座。**除了景观享受之外，在国外的大厨房空间中，也常会在窗前安排一桌两椅，在这儿喝喝下午茶或看看书，专属的咖啡座带来的闲情雅致，绝对让你一回家就倍感惬意。

Point 24

## 身高 160 厘米，适合的台面高度是多少?

**工作台面高度依使用者身高调整。**对于 160 厘米身高使用者而言，台面高度最好在 86 厘米左右。170 厘米以上的使用者可将台面做上升调整，150 厘米以下者也可降低高度。另外，工作台面自墙面到使用者的深度一般为 60 厘米，进口厨具也有 75 厘米的设计，通常会在墙面设计收纳小物的柜子。

厨房与户外空间互动频繁，甚至可以另辟一个阳台作为午茶休憩区。

开放式厨房设计让餐厅与厨房打破各有定位的区域概念，使两个区域更有交集。

L形厨具下柜采用开放式抽屉拉篮，加上拥有大收纳量的中岛台，空间的使用效率大为提升，但台面高度要适合使用者身高。

Point 25

## 如何增加厨具上方的可利用空间？

**吊柜式烘碗机兼具收纳与杀菌功能。**新式厨房中装设吊柜式烘碗机的概率相当高，由于其具有收纳、贮藏及杀菌等多种功能，使用相当便利，甚至家中有婴儿者会采用双烘碗机设计，将婴儿与大人的餐具分开烘干杀菌。

Point 26

## 购买回来的电器会不适用吗？

**电器用品要查明用电规格。**一般厨房电器的电压多为 220 伏，但是电磁炉、进口电器的状况不一，购买时要事先了解用电规格，并请水电师傅事先预留相关位置，以免事后补救的麻烦。

Point 27

## 因为怕油烟，喜欢的建材和造型都只好放弃？

**另设热炒区，厨房建材不受限。**担心厨房设备被油污沾染，因此选择建材时要先考虑是否容易清理，柜体造型也多以无把手或嵌入式来设计。若能独立出热炒区，厨房使用的建材和造型设计将不会因油污问题而受限。

淡色的门板例如白色或原木色，反而不容易显脏。

人造石台面好清理，是当前厨房台面的主流用材之一。

不锈钢台面与玻璃、石材的搭配，呈现现代简洁的厨房样貌。

## 设备篇

Point 28

### 房子很小又很少用厨房，很浪费？

**增加台面多重用途，不只吃饭时使用。**小空间的规划重点在于一个设计要有多重用途，例如单身住宅的厨房使用率不高，不妨将厨房吧台台面与餐桌合并，也可兼工作桌使用，一桌多用的方式争取了不少空间，但台面要比一般吧台的尺寸更长更宽。

Point 29

### 如何选择橱柜样式？

**收纳橱柜根据用具量身定做。**柜体的门板材质、色彩是决定厨房风格与美感的重要因素，屋主可依个人喜好与家中设计风格来选择。至于其内部功能的规划，则着重于收纳的分类与对象的定位，选购前可以先审视自己厨房用具后再决定。

Point 30

### 台面材质那么多怎么选？

**台面材质、特性、质量大不同。**台面材质大致分为自然石材、人造石、不锈钢等，各有其优缺点，在挑选时不妨多加比较。请参照下表。

厨房区的建材选择要将易清理维护放在首位，如不锈钢材、玻璃等，也能创造出与众不同的视觉效果。

DETAIL

### 台面材质比较表

| 价格 | 材质名称 | 特质 | 品质 | 保修期 |
|---|---|---|---|---|
| 高 | 大理石 | 可做展示用，不能承重，如不能在上面剁菜等，毛细孔染色性高，易受污染 | 天然商品<br>须经过挑选 | 依厂商规定 |
| ↓ | 花岗石 | 质地较硬，但仍有毛细孔，最好是先做防污涂层，避免含水 | 天然商品<br>须经过挑选 | 依厂商规定 |
|  | 杜邦人造石 | 质地硬，材质如遇水渍或污染后只要送厂磨平、打亮即可保持新亮 | 品质稳定 | 十年保修期 |
|  | 韩国人造石 | 质地硬，材质受污染后只要送厂磨平、打亮就可以保持新亮 | 品质稳定 | 十年保修期 |
|  | 国内人造石 | 材质受污染后，只要送厂磨平、打亮即可保持新亮 | 每一批色号会有差别 | 无售后保修期 |
| 低 | 美耐板 | 抗磨、抗压，不易因受热或外力而变形。台面上开孔处要做防水处理，避免内部木心板受潮腐烂 | 品质稳定 | 通常与厨具保修一年 |

Point 31

## 安装滤水器要注意什么?

**滤水装置应安排于水槽下方。**反渗透过滤水装置由于牵涉到厨房的水路，最好放置于水槽柜内，一般需预留 80 厘米宽的桶身，同时在电源部分也需预留插座，如需使用最新的冷热水设备则要预留两组电源插座。如果是采用装在水龙头口的简易型，要注意龙头弯度和口径。

Point 32

## 翻修老旧厨房要注意什么?

**旧屋厨房装修，注意更新水管。**超过 15 年的旧屋在重新装修厨房时，最重要的是注意冷热水管的重新更换，增加的热水管必须换不锈钢管，以免水管遇到高温时释放出有毒物质，若仅有冷水则只需用 PVC 材质水管即可。

Point 33

## 购买冰箱要注意什么?

**冰箱的尺寸与摆放位置会影响动线顺畅度。**购买冰箱时，除了其长、宽、高等尺寸要完全掌握外，甚至座向、动线、需要买左开还是右开门等也要非常注意，而且冰箱位置最好不要距离水槽过远，方便迅速将待解冻物品放入水槽，以免出现滴水等情况。

厨房里装设厨下型热饮机，能连续快速提供热水，在安装厨具时，也应预留插座。

岛形桌的设置能为整体厨房的魅力加分，但水槽、炉具以及相关电线管路都要预做安排。

冰箱的位置规划，除了其长、宽、高等尺寸要完全掌握外，座向、动线等也都要注意。

## 安装篇

Point 34

### 中岛厨房走管路要注意什么？

**需预埋管路。**中岛厨房由于四面不接墙面，因此在水管、电路方面比起单纯在墙面或柜体内接管的设计复杂许多，必须在规划之初就预留管路，并且地板要稍微垫高做泄水坡度，才不至于造成事后必须安排明管，或者舍弃给水与供电机能的尴尬。

Point 35

### 如何拥有好的厨房收纳？

**了解电器尺寸有助于空间规划。**若不想未来厨房台面上占满电器，则要事先做电器收纳规划，可以利用电器柜，将所有电器安置于柜内，但是需事先了解尺寸，以便预留空间。另外，如果有洗碗机、烤炉等嵌入式家电，都必须事先预留精准的位置。

Point 36

### 炒菜时觉得碍手碍脚？

**炉台与墙壁间预留动作空间。**安装炉台时，注意不要将炉台直接靠墙安装，以免炒菜时手肘会撞到墙面，最好保留 30 厘米以上距离，或是在墙面与炉台之间设计酱料柜，如此可增加收纳与使用功能，同时也让手部动作在烹饪时有活动的空间。

Point 37

### 中岛厨房的吊挂抽油烟机需要特别的安装方法吗？

**岛形桌加设抽油烟机须注意工法。**开放中岛厨房的抽油烟机吊挂要特别注意其与天花板的连接方式，较细腻的施工手法会先在天花板加装铁架，再装设抽油烟机，以避免长期震动导致天花板结构松动而产生危险。

厨房移动位置、旧厨房改装，都可能面临管路更动的问题，在重新思考厨房设计时，应一并考虑进去。

中岛厨房安装抽油烟机，注意施工的工法，以免长期震动导致天花板结构松动，产生危险。

Point 38

## 怎么利用厨房满足品酒爱好?

**加设吧台并利用收纳柜增设红酒冰箱。**针对爱好品酒的人，设计师建议在厨房加设吧台，并设计酒杯展示架，而收纳柜部分也可增设红酒冰箱，提升厨房的功能等级与使用频率。

Point 39

## 单身厨房采购重点是什么?

**以采购便利家电为主。**单身贵族或者丁克族对厨房的需求主要是满足基本烹饪和简单社交功能。若有预算考虑，采购时可以将重点放在便利家电上，例如咖啡机、微波炉，至于厨具则配基本设备即可。

Point 40

## 想听音乐但怕音响沾油污?

**音响设备要预留喇叭管线。**影音享受不单属于客厅或视听室，可以事先在厨房天花板上预留喇叭线路，这样不用将主机安排在厨房也可以享受迷人乐音，同时也避免油烟沾染机器的问题。

厨房里安装影音设备，烹饪时也能有影音陪伴。

对于单身贵族而言，厨房设计以造型取胜，咖啡机、微波炉等便利设备是采购重点，空间也有更多弹性。

开放式厨房的多台面设计不仅方便准备餐点，同时也是单身贵族邀约好友共度欢愉时光的最佳场地。

## 趋势篇

Point 41

### 想在厨房看电视?

**利用吧台或柜体安装电视，增加娱乐功能。**一般来说，如有吧台可以选择在吧台接墙面一端以嵌入式设计安装电视，或者可以利用柜体来安置电视，不论是在用餐还是备餐时，都可以享受影视乐趣。

Point 42

### 不想在准备餐点时冷落客人?

**开放式厨房最适合派对场合。**对于经常在家中举办派对的人来说，开放式厨房的多台面正适合当作点心桌使用，主人可边烹饪边和客人轻松交谈同乐，宽敞无门坎的厨房也便于客人自由穿梭。

吧台设计能够为欢乐气氛加温，让生活的内容与品质有同等级的提升。

# PART 2
# 厨房改造设计

# 厨房改造设计

专家改造老旧厨房神奇变身术

## 改造设计实例一　南欧庄园的中岛餐厨

两层楼的二手房厨房，原本平淡无奇且较为狭窄，经过设计师重新规划后，拆除隔间墙，扩大厨房空间感，温暖的黄色墙面以仿饰漆模拟逼真石材墙，配上铁件、铸铁、铆钉等元素，穿越厚实木打造的雕花门框，使人仿佛置身于美丽典雅的南欧城堡中。

改造后

温暖的黄色厨房，如块毯般的复古瓷砖地面，搭配实木质感门框、铁件吊灯等整体欧洲庄园概念的规划，让人仿佛置身南欧乡村。

**空间状况** 坐落山间的两层楼住宅，厨房空间并不是很大，仅规划一字形厨具，餐厅和客厅之间又被实墙阻挡，形成狭隘局促的动线。

**业主需求** 希望变成开放式餐厨，且钟爱大气的庄园乡村风格。

改造重点 1

## 中岛餐台联结厨房

为了避免大幅移动水电，设计师维持原始厨房的位置，选择拆除客厅与餐厅的隔间墙，让厨房得以稍微扩大，足够规划L形厨具，搭配铁件装饰的造型玻璃拉门开口尺度也随之放大，让餐厅、厨房变得更加宽敞舒适。考虑业主一家较不习惯坐在传统餐桌边用餐，改以中岛餐台，配上吧台椅高度的餐椅，让餐厅成为生活的重心，小朋友放学后能坐在这边和妈妈聊天、做作业。不仅如此，餐厅两侧的壁面也隐藏玄机，对称门片下是通往书房的动线，而看似完整一致的木百叶窗，完美修饰了后阳台入口、冷气空调和原有小窗，让每一个墙面皆具有整体感，获得更为安定的视觉效果。

小诀窍

中岛餐台的重点规划

餐台不仅仅提供用餐需求，特制的台面下更有强大的收纳功能，左右两侧各是红酒柜和侧抽抽屉，打开两边餐椅的造型门板，也都能摆放餐厨用品。

改造重点 2

## 讲究配色、材质用法

跨越厚实木雕花拱门进入餐厅、厨房，就好像走进欧洲城堡般，以庄园乡村风格为主题，设计师从空间设计至材质、灯光、色彩搭配，完整地呈现古堡般的风格氛围。以厨具颜色来说，选用南欧乡村最常使用的黄色为基调，有增进食欲的效果，色彩延伸至餐厅的墙面，结合自然的手刷效果，带来朴实质感。餐厅侧墙看似是由欧洲城堡必备的石材拼贴而成，令人惊喜的是，竟非真实石材，而是运用仿饰漆反复涂刷而成，甚至还有凹凸触感的逼真效果，既能充分展现庄园风格，也比使用石材更省预算。对称门片的细节亦十分讲究，门框加入铆钉以及铁件线条装饰，包括餐厅吊灯也选用铸铁材质，让城堡氛围更为浓郁。

小诀窍

庄园乡村风的重点规划

1. 仿饰漆增加刷饰的厚度，更能制造出真实石材的视觉效果。
2. 不论是中岛餐厨的超耐磨木地板，还是厨房内贴饰的复古砖，两者皆运用拼花手法创造出如块毯般的视觉效果，相较一般的拼贴方式更能提升质感。
3. 通往餐厨、书房的拱门选用厚皮实木，加上设计师手绘门框线条，适当地拿捏反而有拉高空间的效果。

## 改造设计实例二　引光纳景中岛餐厨

20多年的独栋建筑，厨房阴暗又被隔在角落，经过设计师的重新规划，中岛厨房与客厅、餐厅都有良好互动，拆除的闲置长廊成为最佳的日光天井，楼梯下更设有绿意水池，听着潺潺水声，让下厨也充满令人愉悦的幸福感。

改造后

邻山壁的斜屋顶长廊改为采光罩，纳入屋内空间，并将餐厨移往客厅旁，中岛餐厨明亮开阔。

**空间状况** 独栋别墅原有厨房被安排在角落，虽然空间不小，但是采光不足，略为阴暗，与客厅相距甚远。

**业主需求** 居住成员只有夫妻二人，女主人是钢琴老师，希望下厨时也能和另一半互动，同时注重厨房的收纳功能。

改造重点 1

## 开放中岛餐厨 创造互动与好景观

本案屋龄超过20年，过去厨房安置在屋子角落，并没有所谓的餐厅，原始一楼也因规划了和室、卧房，无法突显大面积的空间感，优点是屋外有个宽阔的花园，从空间的流动性、使用者互动、视野延伸三个方面考虑，一楼公共厅区格局全部拆除，将厨房移往客厅旁，并以中岛厨房概念与客厅、餐厅创造良好互动，而面向客厅的中岛炉区设计，让下厨者视线可延伸至户外花园、钢琴区，也能与返家的另一半打招呼。

小诀窍

开放中岛厨房重点提醒

与餐厨相邻的楼梯结构，特别改为不锈钢打造的单边扶手，镂空线条更显利落，而另一侧则改为半穿透形态，维持视线的穿透与延伸。

改造重点 2

## 舍弃长廊 变身天井采光罩提高明亮度

本案中厨房旁边原本有条长廊，还有通往二楼露台的楼梯。考虑到实用性并不高，因此，设计师拆除既有斜屋顶结构的长廊，重新规划为采光罩形式，一方面为餐厨引入更为明亮的光线增加空间感，同时也将部分长廊空间纳入厨房，增加收纳壁柜、电器柜的空间。

小诀窍

中岛餐厨的其他设计

1. 利用楼梯下的空间规划具有流动性的水景，绿意植栽为视觉感官舒压，潺潺水声则以听觉来制造有如身处大自然般的惬意，配合着美食佳肴，唤醒身体的五种感官享受。
2. 外推后的长廊为视线尽头，特别运用旧木框窗料与玻璃材质，以切割线条打造，让人对空间产生想象。

小诀窍

中岛厨房翻修要点

1. 由于一楼厨房需考虑吐水气、反潮的状况，因此这里的厨房有加做防水工程，必须施做2~3层的防水层，再进行铺设地板程序。
2. 楼梯下方的水池虽无漏水至邻居家的问题，但仍须以防水层、不织布、塑料膜为底，强化水池的防水性，最后再贴上瓷砖材质。

## 改造设计实例三　不怕油烟的时尚厨房

对于封闭且狭窄的厨房，厨房改造专家将厨房移至餐厅旁，利用整面高柜隐藏炉灶、冰箱，实现多元收纳功能，搭配中岛厨区结合餐厅与吧台的概念，让老厨房蜕变成极简风格的时尚厨房。

**空间状况** 这间房子的原始厨房是一字形且封闭式格局，空间狭窄难以使用，离客厅和餐厅也有些距离。

**业主需求** 年轻夫妇平常最喜欢下厨，也很爱邀约三五好友来家里用餐聚会。

将厨房移至餐厅，整合为开放式中岛餐厨。隐形炉灶设置于高柜内的设计，既可解决开放厨房的油烟问题，同时也达到美观的效果。

改造后

改造重点 1

## 隐形炉灶设计 开放厨房再也不怕油烟

将厨房与餐厅、客厅整合在一起形成宽阔舒适的开放大厅区，然而过去开放厨房最令人担心的不论是抽油烟机，还是无法避免油烟飘散的问题，现在都有了更聪明的解决办法！设计师利用一面墙的位置，规划出一整面黑色高柜，如同魔术机关，高柜内具有隐形炉灶设计，以电动铝卷门将煤气灶、抽油烟机隔绝，加上两侧的高柜面板阻挡，大火快炒时油烟不易扩散，平常不下厨的时候，隐形炉灶让开放式空间更为美观，而采用高柜概念所设计的隐形厨房，也比传统厨房的储物空间更大。

隐形炉灶的其他机关

在抽油烟机风管两侧规划出储物空间，这里最适合摆放烹调时需要的调料罐，随手取用非常方便。

改造重点 2

## 多功能中岛厨区 吧台、餐桌一桌搞定

相较于传统摆放餐桌的形式，针对这次的厨房改造，以二代厨房概念，设置中岛厨区面对客厅，让下厨者进行长时间洗涤、切菜时能轻松地和家人互动，而一旁的强化玻璃也嵌入液晶电视，让中岛区更兼具餐桌和吧台功能，搭配 LED 灯光设计，晚上随即变身高级酒吧。

小诀窍

中岛厨区的其他机关

1. 以往吧台、餐桌所需电源都安排于地面，不但要弯腰才能使用，有时候还会不小心踢到开关，改造后的中岛台面下缘还隐藏了一组移动式插座，让业主在中岛上网、打果汁更加便利，可随所在位置使用电源。
2. 水槽下规划了抽屉型冰箱，为前置备料时所需要的酱料、干货或是辛香料等物提供储存使用空间。

小诀窍

专家传授厨房翻修秘诀

1. 硅钢石英石台面价格合理又耐用，相较于易刮伤产生痕迹的人造石，硅钢石英石硬度更高，具有耐刮、耐磨特性，而且不吃色又有抗菌效果。
2. 翻修厨房一定要先委托专业厂商进行规划，通过专家评估现有厨房以及下厨习惯等状况后，会给予业主最正确的建议与做法，因为专业的厨房专家会对安全、动线、流程、实用、美观等做全面性思考，但一般业主不会注意到这么多细节，而如果自行改动过后才发现动线有误，很难挽救。
3. 微波、蒸烤设备要低于使用者身高。为避免拿取时发生烫伤意外，摆放微波炉和烤箱等家电设备时，最好是放在眼睛平视以下的高度，才不会让热汤从头部以上位置泼洒而下。
4. 水电要装设防漏装置。瓦斯管、热水器、滤水器最好要加装防漏侦测器，如果发生瓦斯气漏或是漏水的状况时，就能立刻自动切断电源。
5. 冰箱、电器尺寸应先确定。翻修厨房时应先做好电器和冰箱采购计划，才能知道是否要预留 220 V 的电源插座，如果是嵌入式家电也都要预留精准的位置。另外冰箱位置最好不要距离水槽过远，才能方便拿取食材。
6. 在规划新厨房之前，最好先思考自己喜欢的形式，例如：开放式、半开放式或封闭式设计，半开放式厨房可采用拉门阻绝油烟向外扩散，而全开放式厨房则可搭配全嵌入式橱柜与家电达到视觉美观效果。
7. 局部厨房改造干式施工最快。如果仅是厨房整修，建议采用快速的干式施工法，拆除旧厨具、安装新厨具以及局部墙面装置强化玻璃，通常只需要一个工作日就能完成。

## 改造设计实例四　色彩绝配中岛厨房

热爱美食烹饪的业主，怎能接受对着墙壁煮饭呢！空间与厨房规划达人联手出击，将厨房换个位置，洒满明亮采光又对着露台，结合减法概念打造的中岛厨具，60 厘米等比例切割橱柜，散发着活泼氛围的橄榄绿门板，自然舒服的生活感更符合业主的品味。

**空间状况** 原始承建商配置的厨房与后阳台相邻，空间较为狭小，且配置的是基本的一字形厨具。

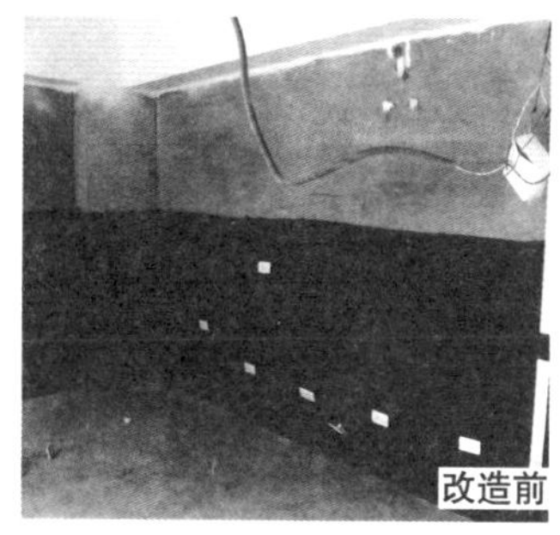


**业主需求** 对家具、餐具及居家对象设计颇有研究的业主，自然也很重视住宅设计，喜欢下厨的他，无法接受要窝在小格局里、面对墙壁煮饭的生活状态。

等比例的橱柜配上橄榄绿门片，搭配大地色系的板岩砖壁面制造层次感，来自露台的充足阳光，营造自然的和谐气氛。

改造后

改造重点 1

## 格局大挪移 露台花草相伴下厨乐

房子自预售阶段着手规划，首先便是淘汰开发商既有的格局配置，一开大门即客厅，纵深却不十分宽敞，厨房紧邻后阳台，为一般正常动线，但必须对着墙壁煮饭，加上重视生活品味又喜爱下厨的业主对于原始厨房也不是很满意，为此，空间设计师一方面变更了大门位置，将厨房移至露台边，相邻的位置则安排客厅，另一方面，以中岛厨房概念打造，中岛厨区规划炉具、水槽，让业主能在露台美景的陪伴下做菜，不仅视野变得开阔，转头又能与客厅的家人们聊天话家常。

**小诀窍**

中岛厨房重点提醒

为了争取住宅的屋高，此户天花板仅留出管线的高度，而未全部封平处理，并于梁脊内嵌入隐藏式灯光，营造温馨的气氛。

改造重点 2

## 减法哲学 展现生活品味的中岛厨房

相较于传统厨房塞满橱柜的布局方式，眼前这个橄榄绿厨房却有着自然的生活感，原因就是设计师采用减法概念，中岛厨区旁的壁面选择定制不锈钢架取代橱柜，搭配岩砖背景，再挂置业主最爱的设计款锅具、配件，自然地呈现业主的生活品味。除此之外，厨具颜色也是空间的关键之一，考虑屋子后方可眺望山景，因此空间以大地色系为主，厨房则特意选搭橄榄色，注入些许活力。

**小诀窍**

厨具特点

1. 橱柜以 60 厘米等比划分，达到最佳的美感比例。
2. 不同于一般厨具桶身系统化的制作方式，本案中厨具的特点是桶身机能化，根据使用的区域，板材也会有所差异，例如水槽柜是加强防水的实木积层材，台面柜则要考虑承重性，因此要加强结构强化刚性，而炉台柜要避免安装炉具破坏桶身产生污染，因此为铝合金条加强结构。

**小诀窍**

厨房翻修必学

1. 本案中岛厨房所选用的意大利品牌抽油烟机，排烟风量是一般抽油烟机的 2 倍，加上双电机设计，以及 20 厘米风管，让油烟能快速排出室外，同时噪音也非常低。
2. 抽油烟机没有与不锈钢罩切齐，而是刻意稍微向上规划，创造出所谓的集烟帽，当热气往上升时能集中将油烟抽出去。

# PART 3
# 厨房装修点子

# 厨房装修点子

设计、预算、设备、施工，创意满分的装修秘技

厨房规划是依不同使用成员、现场空间条件量身打造，在设计、施工、预算等方面更需全方面考虑。是否做完全开放设计？加设吧台、还是岛形桌？让新的厨房不仅便利实用，而且更符合未来厨房生活的大趋势。

## 厨房设计风格选择

Point 01

### 炉下区域 收纳锅具最好用

传统的炉下区域大都是规划烤箱的位置，但从烹饪操作的方便性考虑，建议炉下空间用来收放大小锅具，使用上更顺手。

Point 02

### 日系厨具的单元柜 弹性活用空间

相较于强调外观造型设计的欧系厨具，日系厨具除了更看重厨房空间的收纳设计外，在厨具尺寸上也更规格化，可搭配单元柜，能灵活运用于不同空间形态的厨房。

Point 03

### 水槽柜 不放置食物

厨房区不仅存放着大大小小的锅具、烹饪工具，也是集中储放食物的地方，但要提醒您的是，在归类整理食品时，应避免放置于水槽柜里，避免物品受潮，同时此区也最好经常做清洁，以免滋生蟑螂虫蚁。

设计厨房时，不妨重新检视自己的生活形态，纳进厨房动线的整体规划。

厨具台面的高度应根据不同的操作区域、业主的身高做调整，如洗菜区与炉具区。

# 厨房设计风格选择

Point 04

## 岛形桌 增加小厨房使用平台

人们习惯将中岛厨房与大面积豪宅划上等号，其实不然。对于小面积住宅来说，岛形桌的设计更符合空间使用需求，岛形桌可以取代餐桌，90 厘米 x90 厘米、100 厘米 x100 厘米的岛形桌台面也能增加厨房的工作台面，创造不一样的生活形态。

Point 05

## 烹煮习惯 决定厨房开放的关键

开放式厨房是现今流行的设计趋势，但并不是每个人都能接受这样的设计，尤其对于习惯大火快炒烹饪方式的人来说，能不能克服油烟外散的心理疑虑，是决定厨房是否采用开放式设计的关键。

Point 06

## 洗菜、煮菜高度落差 以 8 厘米最理想

台面设计应随着主要掌厨者的身高进行调整，但是适合炒菜的高度，不一定就是适合洗菜的高度，手肘动作可能会因为炉具台面过高，长时间使用下，产生吊手的酸疼感，或是弯腰造成腰酸背痛。

专家建议，洗菜槽与炉具的高度差以7~8厘米最理想，但应视个人身高再做调整，如身高150~155厘米的人，建议洗水槽高度为 85 厘米；160~165 厘米的人则以 90 厘米的洗菜槽高度为宜；170~175 厘米的人，可以将洗菜槽高度调升至 94 厘米。另外，若空间允许，不妨将台面加深至 70 厘米，拉大炉具与人体的距离，邻近墙面的台面也因此增加了收纳设计的空间。

炉具下方规划为收纳碗盘、锅具类的空间，方便烹饪时随时取用。

关于食材的存放，通风效果是重点，应避免置放在水槽柜里，并时常做整理。

岛形桌可以取代餐桌，并增加厨房的工作台面，创造开阔的视觉，进一步创造不一样的生活形态。

Point 07

## 家中有幼儿 强化安全设计

如果是家中有幼儿的家庭，基于安全考虑，开放厨房不妨加设拉门等，避免孩子在无大人照看的情况下，任意进出厨房。炉具的点火控制开关，选择设置在台面上的款式较安全，而非立面上，避免家中幼儿碰触。

Point 08

## 电器柜分层 电锅加设抽拉底盘

将经常使用的小家电集中放置于电器柜，从盛饭的便利性考虑，电饭锅应置放于人体的腰部高度，另加设抽拉式底盘，在烹煮时可将底盘拉出，以利于散热。微波炉、烤箱则常置放于电饭锅上层，高度为 145~175 厘米，烹饪者可直接目视正在加热烧烤的食物，也能避免儿童意外启动开关。

Point 09

## 开较远的窗户 提高抽油烟功率

炒菜时千万不要因为怕油烟扩散而紧闭门窗，会导致抽油烟机无法补足空气而影响功率；也不要打开紧临抽油烟机的窗户，外面进来的气流会使油烟无法集中被抽排掉。因此打开较远处的窗户是排油烟效果最好的做法。

Point 10

## 抽油烟机设置高度 影响排烟效果

新装设的抽油烟机的排油烟效果似乎不佳？换其他品牌也无法解决问题？此时，不妨重新检视抽油烟机的设置高度，以一般炉具高度为 80~84 厘米计算，炉具与安装抽油烟机的理想间距应控制在 65 厘米左右，可发挥最佳的排烟效果，也能避免油烟机的油盘意外发生火融状况。

炉具区设置挡油板避免热油飞溅，炉具开关设置于台面上，能提高家中幼儿在开放厨房里的安全性。

## 多功能设备考虑

Point 11

### 洗碗机设置 使用厨房更轻松

在厨房设计时应该将洗碗机列入必备单品，一来使用洗碗机可以省下与油污碗盘奋战的时间、精力，增加与家人相处的欢乐时光；另一方面，洗碗机采用高温洗净模式，使用微量的洗洁剂，达到高温杀菌的效果，轻松完成家务。

Point 12

### 多功能净水器选配以使用习惯为主

厨房水龙头结合净水功能还是分别设置？选购前最好先考虑家人的使用习惯，比如说，烹饪时，家人是否会帮忙处理，要避免一人占去了水龙头，另一人无法使用净水功能的状况。

Point 13

### 升降柜方便长辈、孕妇使用

由日系厨具引进国内的升降柜设计，原始设计即是为了发挥空间的最高使用效益，将橱柜往天花板发展，解决上橱柜不易取放物品的困扰，对于家中年迈的长辈或孕妇来讲，无须踮脚尖或搬椅凳，就能轻松拿到高处物品。

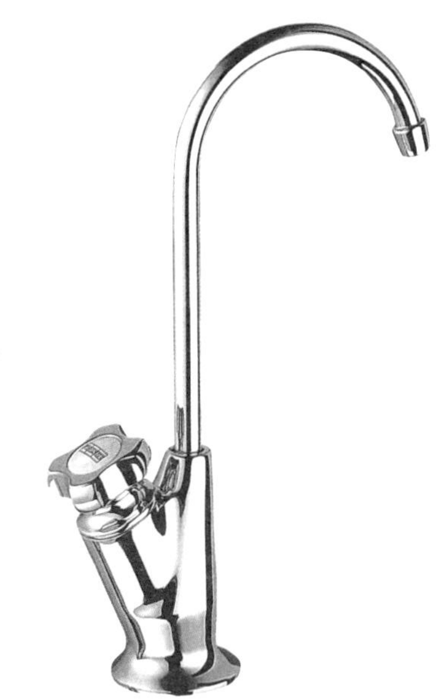

是否安装生饮系统，也是决定厨房水龙头设置的关键因素。

Point 14

### 上掀门厨具 注意收纳家电尺寸

上掀门的设计，对于厨房空间不甚宽敞的人来说，省下了对开门的使用空间，但须注意的是，上掀门所使用的五金配件占用柜子一定的空间，若是柜内要收纳家电，要留意家电摆进去后是否会卡住。

Point 15

### 依饮食需求 规划家电项目

家电配置是厨具规划的重点项目，但不见得每间厨房都必须配备烤箱、蒸炉，可能受限于空间大小，对于偏好某一烹饪方式的人来说，不妨强化部分家电设备，实用性更高。

Point 16

### 功能柜 适合储物少的家庭使用

厨具以强调分类、分层概念的功能柜进行收纳，虽然有利于收纳物品的分类统整、取用，但相对地，储物空间也会因网篮等设置，占去不少储放空间。在施工前最好先行完成居家厨房的用品清单，再决定添加功能柜的数量。

上掀门所使用的五金配件占有一定的柜体空间，若是柜内要收纳家电设备，要留意家电的尺寸。

Point 17

## 挑选炉具 以双口炉最普遍

该如何挑选双口炉、三口炉？按照个人所接受的教育方式、烹饪习惯进行选择，比如说，曾经住过欧美地区的人，习惯使用三口炉或四口炉＋炉连烤＋洗碗机，中国居民喜爱大火烹炒的饮食文化，以使用双口炉最为普及，并建议使用具有自动切断燃气的炉具设备。

Point 18

## 转角收纳设计 分层使用效果更佳

L形或Π字形厨具，都存在着转角空间，从收取物品的便利性考虑，一般都是以转角收纳柜来处理，如结合轨道式拉盘的270度转盘设计，手轻轻一拉，即可将隐藏于转角空间里的转盘架拖曳出来，是空间运用的绝佳创意。

Point 19

## 臭氧水装置 注意龙头材质

各式各样的细菌传染病给人类带来的伤害引起了全球对于杀菌功能设计的高度重视，如欧美国家习惯使用臭氧水来洗手，而非用洗手液，但要提醒您的是，若家中选择安装臭氧水设备的话，要注意选择不锈钢的龙头，而非铜制龙头，以免产生铜锈。

电动升降柜采用单一按键式设计，可随时调整至眼前使用，无须踮脚尖，即可取得储放于上吊柜的物品。

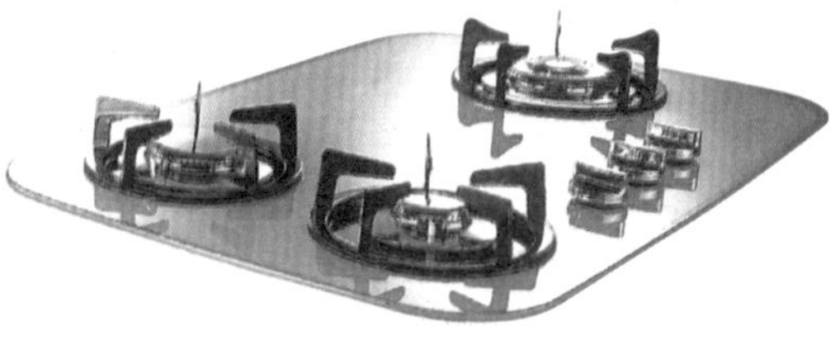

炉具选择双口炉或多口炉，与家人的烹调方式息息相关。

特殊的转角收纳设计，如270度转盘等，让人轻轻松松地就能取出内藏物品。

厨房安装臭氧水设备以安装不锈钢的龙头为宜，避免产生铜锈。

# 改装工程预算

Point 20

## 配置岛形桌 预算 1 万元起

岛形桌的施工价格因其包含的功能不同而定，如小水槽、碳烤炉、抽油烟机、油炸炉，或是另加设ㄇ字形座位，但若是以一般尺寸 150 厘米 x70 厘米来说，纯人造石台面 + 6 个铝制抽屉的岛桌，施工价格约为 1 万元。

Point 21

## 预留添购家电的位置

如果在装修厨房时，受限于预算，无法一次购足所有的电器设备，那么建议也要将未来可能添购的设备纳进厨具设计里，如洗碗机，最重要的是先预留 60 厘米深的可抽换式柜子，以便于日后可以直接替换。

Point 22

## 后阳台外推 工程预算近 4 万元

厨房后的阳台空间若纳进室内，的确能为厨房设计增色不少，但“外推”的工程包括拆墙、重新砌墙的粉刷工程、安装铝门窗、外推空间的地面整平等。以拆除 4 米宽的墙往外推、增加 3~6 平方米的厨房用地为例，工程预算近 4 万元。

Point 23

## 国产厨具价格 买进口厨具质感

在一般人的印象里，国产厨具的价格较低廉，进口厨具则是身价高昂，事实不尽然。进口厨具因消费者的选配设计不同，也有可能以相近于国产厨具的价格买到进口厨具的质感，关键点就在于门板的选择。如选用塑合板的门板，搭配进口厨具的柜身、五金等，整体厨具价格降低，但品质却不会因此大幅下降。

中岛厨具设计能突显大宅的气派感，而岛形桌的功能、尺寸大小影响预算的高低。

Point 24

## 旧厨具拆装 费用另计

针对旧房改造，在厨房装修上可能面临的一个问题是旧厨具的拆除，由于废弃的旧厨具无法运送至焚化厂销毁，必须委托专门处理此类废弃物的厂商处理，这一部分的额外费用必须由消费者自行承担。

Point 25

## 人造石台面不同等级 价格大不同

人造石可塑性高、耐高温、接缝细微而不易藏污纳垢、视觉效果富于变化，但人造石因等级不同，价格也不同。

Point 26

## 抽屉的开合质感 不能忽略

如何做预算控制，哪些可以省？哪些不能省？厂商建议，抽屉的开合质感、顺畅度不要因为预算少而大打折扣，如缓冲回归、降低噪音等的设置。

Point 27

## 厨房粉刷施工 厨商可代为介绍

一般而言，厨具厂商只负责厨具安装事宜，无法提供厨房粉刷等工程的施工服务，但若是消费者有此需求，除了自行发包相关工程之外，也可请厂商代为推荐施工师傅或是配合宅急修等服务，甚至有部分厨具厂商发展成“小型包商”的服务模式，可提供厨具、工程施工两大项目。

厨房的吧台是营造高级酒吧气氛的重点，但吧台预算因收纳功能的规划、尺寸、选配设备的不同而异。

厨具预算概括为橱柜、配件、台面三大类，需根据不同的项目、设计及使用材质做出调整。

人造石依等级差异、厂商促销活动，价格也产生波动。

## 施工安全注意事项

Point 28

### 自动制冰冰箱位置 预埋净水管

冰箱也是厨房区的必备成员之一，但将冰箱纳进厨具设计时，除了要考虑整体的视觉美感，如做嵌入式设计等，另外如果消费者喜欢自动制冰功能的冰箱，在厨房施工时要先预埋冰箱的净水管，以便日后购进冰箱时使用。

Point 29

### 水槽四周 设计止水边

水槽区域因经常性接触到水，为预防水花漫溢而下，影响到水槽柜的门板等，最好于水槽区域四周设计止水边，以增加厨具门板的使用寿命。

Point 31

### 厨具安装 由厨具厂商负责

一般说来，专业的厨具安装师傅大多拥有木工基础，但木工师傅并不一定就能完成厨具的安装工程，这其中涉及整体厨房的规划和售后服务，厨具安装交由厨具厂商负责比较好。

Point 32

### 玻璃墙 不敲瓷砖墙面的最省方案

厨房改头换面，瓷砖墙面的更替是一大重点，比如以玻璃修饰瓷砖墙，就是很好的解决方案，免拆除之外，还可利用铝收边条直接固定玻璃墙，迅速达到厨房换装的效果。

Point 30

### 厨房水电 厨具厂商来配

在厨房施工前，应先决定好水电的相关位置，且水管线行经该处应做绕道处理，如洗碗机的正后方应避免安置水管，因此住宅厨房空间的水电配置通常由厨具厂商绘图给设计师后，再进行施工。另外，旧厨房装修的管线最好也能一并更换，免得新厨具安装后，日后发生管线漏水的现象，又要再搬移厨具进行止漏工程，费时又耗财。

旧厨房装修时，最好也一并更换管线，免得新厨具进驻后，日后发生管线漏水的现象，又要再搬移厨具进行止漏工程。

## 施工安全注意事项

Point 33

### 装修前 要先确认厨具设计

装修房子，不论有没有找设计师规划，建议您先确认好厨房和卫浴空间的规划方向，再开始施工，以免水电配置等都定案后，才发现所挑选的厨具与现场状况无法融合，再做二次修改。

Point 34

### 拆除厨房隔间墙 注意收尾处理

须注意的是，拆除厨房与其他空间的隔间墙之后，如厨房与餐厅，则两区衔接处的天花板、地面、立面墙，三者之间的衔接问题也要仔细处理。

Point 35

### 水槽柜下方 预留电源

厨房的水槽区结合净水设备是时下相当普及的设计，但要提醒您的是，在设计厨具时要于水槽柜下方先预留电源，并于安装厨具时一并检查，避免日后厨房里安装电解水等设备时，找不到电源插座。

Point 36

### 厨房移位 预留活动清洁孔

考虑全室格局的合宜与否，如果应格局调整的需求，因移动厨房位置而拉长管线，不妨于适当的位置预留清洁孔，以便于日后清理维修，但要提醒您的是，在管线的转弯处应以斜 T 形或 45 度角的方式进行接管，以免管线阻塞。

厨房里设置具备自动制冰功能的冰箱，在厨房施工时要先预埋冰箱的净水管。

若是拆除厨房与餐厅的隔间墙，须留意两空间交接处的收尾动作，如天花板、墙面及地板。

以强化玻璃、烤漆玻璃来美化厨房壁面，是施工便捷的省力方法，且易于保养。

厨房施工前，应先确认冰箱等电器设备的位置，并由厨具厂商来配置水电。

## 新趋势新生活

Point 37

### 抽屉式洗碗机 收放更省力

新型的抽屉式洗碗机提供 6~8 人份的洗净量，可以将整个洗碗机抽柜拉开放置碗盘的设计，使用较为省力，一般是安置于水槽的左右侧。

Point 38

### 厨具防蟑设计 清洁好省力

有些厨具厂商推出抗蟑厨具，柜体板材表面在生产过程中即添加抗蟑原料，使厨具本身即具有防蟑作用，即使厨具门没关好，蟑螂也跑不进去，为现代家庭提供了很好的防蟑方案。

Point 39

### 双厨房设计 符合中式烹调习惯

大宅设计常见双厨房配置，分为热炒区、轻食区，通常热炒区是规划于封闭式空间、半开放空间里，希望能将油烟彻底阻隔；至于轻食区则纳入岛形桌，既是临时的工作平台，也能成为全家人用餐聚会的另一个休闲角落。现在这种设计也不仅限于大宅，一般家庭空间也可以尝试规划。

厨房里不留设地排水孔，让厅区的地板延伸进厨房里，整体室内设计更趋一致。

# PART 4
# 厨房设计的关键

# 厨房设计的关键

设计师不会主动告诉你的事

## 一、厨房设计常见问题

若你把厨房想成“把饭煮熟的地方”，它就会变成煮饭工厂；若你把厨房想成“家人生活、朋友互动的地方”，它就会变成活力起居空间！当你想象厨房生活样貌时，自然就能想出解决空间问题的办法。

### 业主的疑问

#### 01 封闭厨房，在里面煮饭，孩子哭闹也无法听到怎么办？

**用 45 度斜切格局，打造穿透开放餐厨空间**

设计师将空间沿着 45 度角切出动线，取得面积利用的最大值。拆除封闭厨房的束缚，巧妙地将厨房拉出设置于空间中心，又与书房间做了开口处埋，完成室内的循环自由动线，不仅带出空间的流畅感，在视觉上更加开阔，更兼顾到新手爸妈眼观六路、耳听八方的需求。

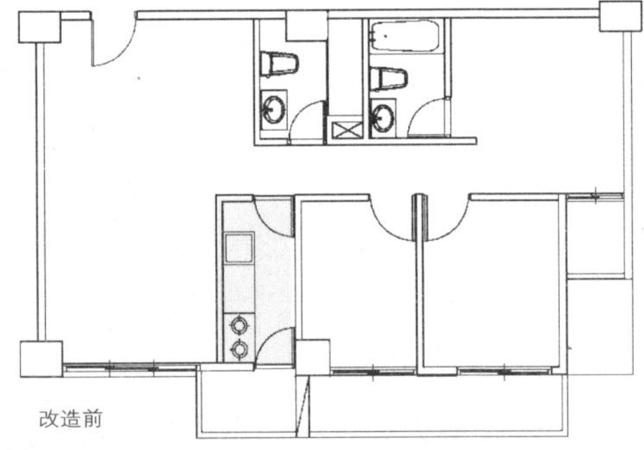

改造前

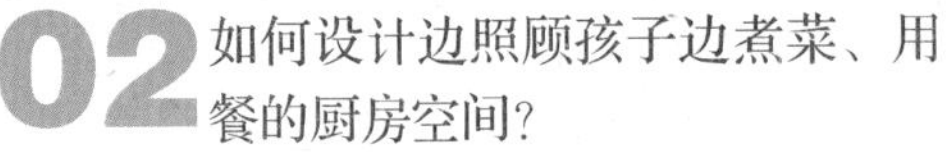

#### 02 如何设计边照顾孩子边煮菜、用餐的厨房空间？

**简便餐台，边用餐、聊天还能边照顾孩子**

开放式厨房结合餐台的设置，促进家人的互动。而位于原本走道上的厨房餐台，不只可节省走道空间，也更符合业主的用餐习惯，就算妈妈在厨房备餐，还是可以和客厅的父子拥有良好的互动，一起享受美好的生活时光。

改造后

## 业主的疑问

### 03 40平方米的空间能挤得下客厅、餐厅、厨房、书房、卧室和大浴室吗?

**移动厨房位置，放大浴室空间**

设计师将原来位居于大门后方、离景观窗户最远的厨房移动至空间中心，并将浴室变成回字过道动线，翻转小空间格局。移动的厨房，不仅可以缩短空间距离，更增加了夫妻聊天的机会，在填饱肚子的同时也填饱感情喔！

### 04 大门后可有可无的厨房，该如何改造，才能创造甜蜜空间?

**利用橱柜吧台，优化厨房格局**

设计师利用隔间柜和餐吧台，将一字形厨房改造为ㄇ字形厨房，不仅满足了业主对餐厅功能的需求，隔着餐吧台，厨房也能无阻隔地与书房互动，为甜蜜的两人生活加温。

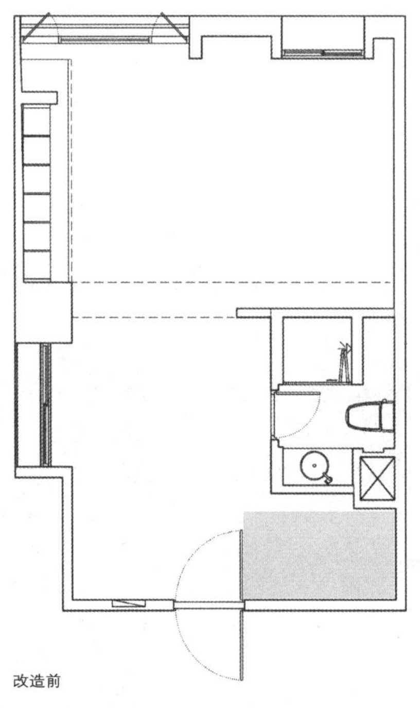

改造前

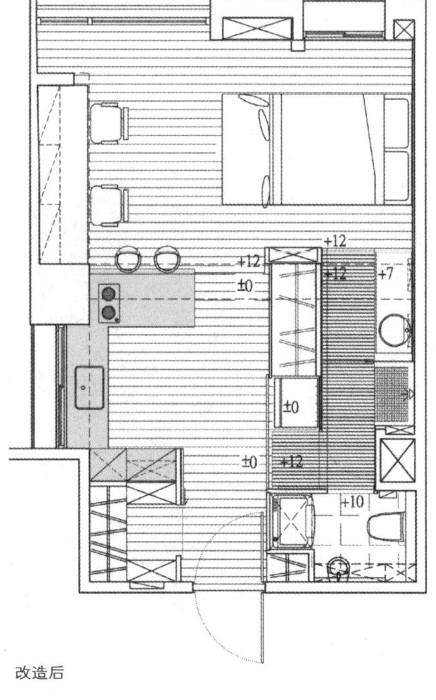


改造后

## 业主的疑问

### 05 独自在封闭式厨房做家务，万一发生意外，该怎么办?

打通餐厨空间，开出两侧双动线

由于业主是一对老年夫妻，饮食清淡少油，很少大火快炒，设计师于是将封闭式厨房改为开放式，而且不再加设玻璃拉门，让厨房空间与餐厅完全无阻隔。而且客厅与餐厅中间又仅以大理石矮墙做区隔，可以时时关注下厨者的安全，同时形成两侧开放的双动线，开出通往房子两翼的廊道，让行走更安全。

### 06 厨房从封闭式改成开放式，抽油烟机的吸力够吗?

同步启用抽风电机，不怕厨房油烟困扰

随着厨房从封闭式改成开放式，炉具位置也从窗边移至墙面。虽然业主饮食清淡，做饭产生的油烟较少，但设计师仍在屋后阳台安装抽风设备，与吸油烟机同步启动，增加厨房的排烟吸力。

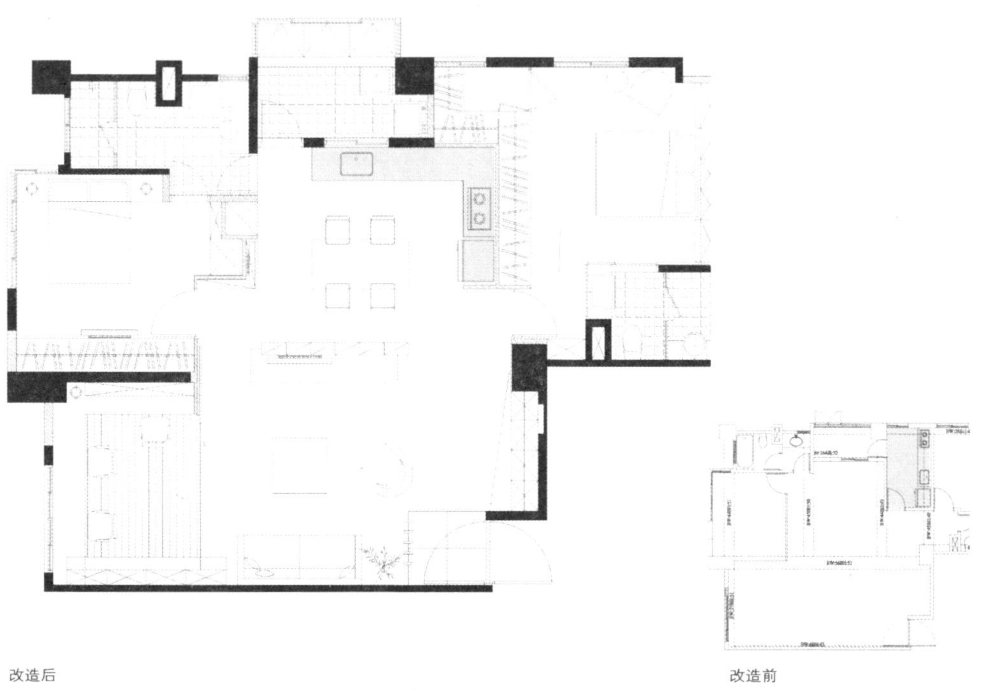

改造后

改造前

## 业主的疑问

### 07 如何设计厨房可以保证一边准备晚餐又能一边盯小孩念书？

**打开厨房隔间，不只共厨也共读**

封闭式的厨房在面向客厅开放后，质感大大提升，大餐桌不仅可随时支援厨房活动，也能就近支援书房区。把四种空间整合成一体，大家一起做烹饪、一起看书也一起处理家务，不仅可以培养孩子的自理能力，还能增加亲密度和安全感。

### 08 在厨房时总是担心小孩看电视或没在念书怎么办？

**半隔间的书桌与电视墙，什么节目都能听到**

客厅、餐厨空间、书房整合成一体后，双人座书桌的背后即是电视墙矮屏，无论是看电视还是玩乐，都能在同一空间里实现，让父母能看到孩子的一举一动，同时放心地处理自己手上的工作。

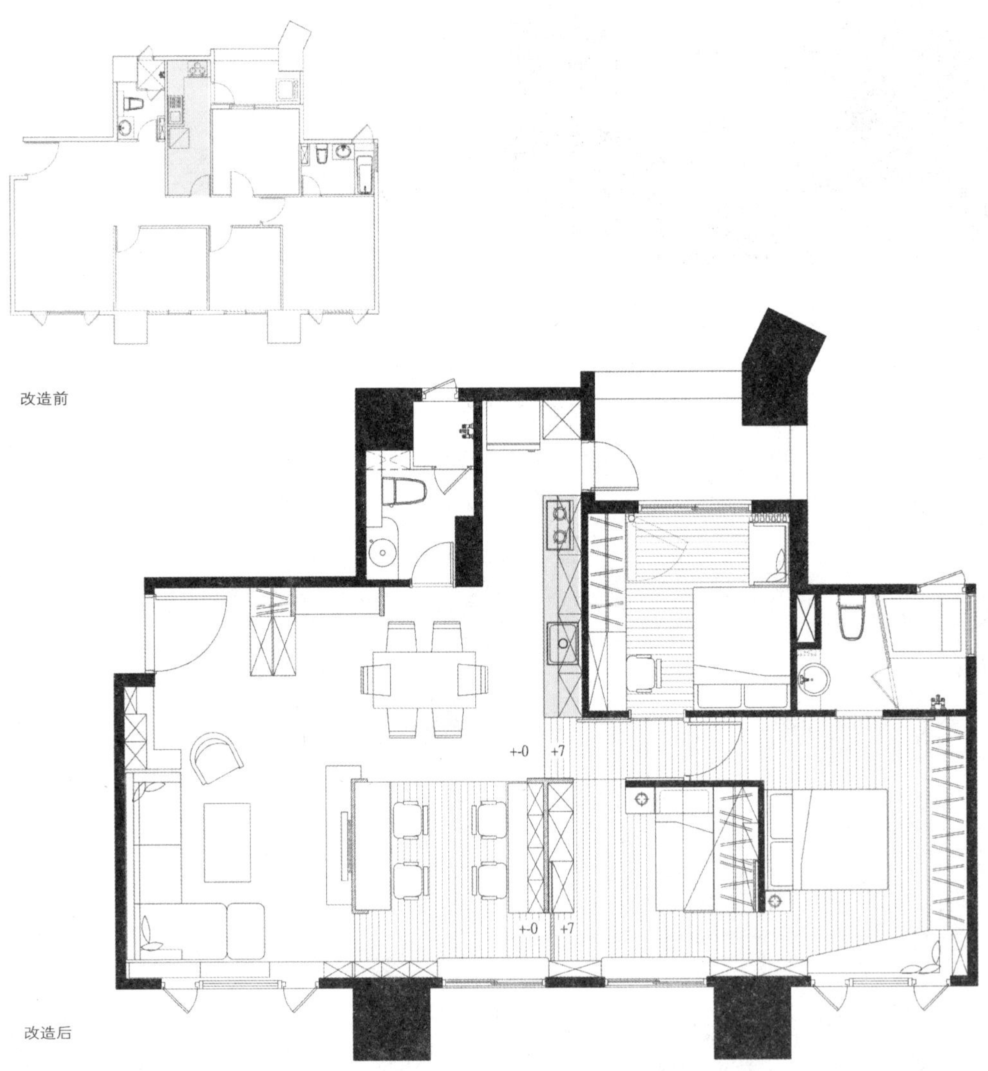


改造前

改造后

AMERICAN BAKING BOOK
for SURVIVAL

## 二、厨房创意设计实例

### 业主的愿望 01 中岛吧台 + 专业烤箱 + 实木台面

**习惯在家做面包研发新口味，因此想要拥有工作台面 + 大烤箱 + 烘焙器具柜，更希望能招待朋友轻松享受美式早中餐，共度快乐时光！**

由于空间只有 56 平方米，加上业主喜爱简洁的美式风格，因此直接将客厅、L 形厨房与中岛吧台合成一个开放区域，让业主在下厨时视野更开阔，而朋友到访聚会时，也能一起动手，共同享有宽阔的活动空间。以实木集成材打造的中岛吧台是业主的面包工作台，方便操作与运用，而烘焙用具则放置在旁侧橱柜的拉篮中，方便取用与收纳。当烘焙完成、台面清洁干净后，中岛吧台摇身一变成为餐桌，再从吧台下方的红酒柜中取出美酒，即刻就可轻松享用美食啰！

## 业主的愿望 02 中岛吧台 + 按压式门片 + 钢骨书墙

**退休后，夫妻二人想要享受阅读与烹饪的悠闲生活。平时就喜欢一起动手做饭，希望厨房有地方可以放食谱，方便两人边下厨边研究。**

因为业主拥有不少藏书，因此直接在开放式餐厨空间旁设置书墙，将与烹饪相关的书籍通通摆在这里，不仅方便阅读又可以马上动手做。以钢骨打造的书墙，利用钢板进行造型设计，既美观、可收纳杂物又可抵挡油烟。在常用的中岛吧台上，设计了两个水槽，分别用来备餐和清洁，两个人可以一起使用，不会因为等待而浪费时间。设计师考虑到两人烹饪时满手油腻的问题，还设计了按压式的厨具门片，只需按压就可打开，而且厨具中的进口安全五金，让年龄渐长的夫妻能轻松使用又安全。

## 业主的愿望 03 工作阳台 + 二字形厨具

**两人都在家工作，想要完美地切割、分享生活空间与工作时段。喜欢烹饪的女主人则想拥有宽敞好用的厨房及工作台面，最好是能吸引男主人一起下厨！**

原来是老旧的铁皮屋，经过设计师的巧手改造后，变成充满日光的北欧风格住宅。虽然面积足够，可以顺利规划男女主人的个人工作室，但狭长形的空间也增加了两人的距离。设计师干脆将厨房设置于大面落地窗旁，将采光、植栽景观纳入，让日光、绿意增添生活乐趣，让夫妻俩直接就可在厨房中小憩。而且靠墙的厨具设计，让工作动线更顺畅，就连一起下厨的男主人也能拥有自己的操作台面，一人在准备、一人忙烹煮，让生活变得更有趣味。

## 业主的愿望 04　利落厨具 + 中岛吧台 + 电器收纳柜

**希望能跳脱平日工作的华美，让空间的设计感降到最低，卸下华服回归平静，拥有纯净、简单、低调的生活，需要一个完全看不到杂物的厨房。**

由于是度假住宅，设计师将厨房移到面窗位置，与客厅成为一气呵成的开放空间，享受无拘束的美景。由于业主喜欢单纯、简单的情境，因此设计师选用线条干净利落的厨具与橱柜将所有物品收纳其中。虽然度假时以烹煮轻食为主，但是增添一起下厨乐趣的冰箱、蒸烤箱、双水槽，甚至是红酒柜，可是一项都不少喔！为了让空间更加温馨、轻松，设计师以纯净的白色与温暖的橡木色作为空间的主色系，让烹煮过程更加愉悦。

## 业主的愿望 05　中岛吧台 + 艺术墙面 + 装置灯具 + 酒柜

**生活非常依赖餐厅和厨房，尤其是厨房吧台是享受生活和联络感情的空间重心。而且厨房不应只是满足烹饪功能，更希望展现独特风格，创造生活话题。**

由于开放的厨房和餐厅拥有相当良好的条件，除了在厨房设置中岛吧台，让业主一家人能一起互动、一起下厨，也一同用餐，还搭配了可旋转的电视架，让人不论在备餐、用餐时都能方便观看。而业主期盼的独特风格，设计师以绝无仅有的树影灯光设计，创造“在大树下用餐”的奇幻意境，发光的灯球成了累累果实，让这里成为一家人聚集、聊天的活动区域。

## 业主的愿望 06 中岛吧台＋全套家电＋电子化视听设备

**喜欢烹饪和分享美食。在厨房中，大家可以一起用餐、聊天、烤面包、做点心，若再加上孩子弹奏电子琴，这就是我的沙龙！我想让厨房变成我的专属客厅！**

顺应女主人的烹饪、社交需求，厨房设置了大冰箱、烤箱与蒸炉，而在长 200 厘米、宽 100 厘米的大型中岛吧台上，大家可以一起揉面团做点心；吧台下的小冰箱可以放置饮料及蔬果，能让大家边喝饮料、边观察烤箱中的状况。而凹槽内藏有电视、网络、音响等各类电子产品的遥控功能，用于餐会、处理工作或教导孩子功课及玩乐都好用。由于厨房是长方形空间，设计师遂将电器设备设置在同一高度上，并与收纳柜持平，让物品整齐不紊乱，也让孩子不容易碰到。

## 业主的愿望 07 独立厨房＋中岛吧台

**独立厨房与中岛吧台，可以快速备餐与用餐，适合忙碌的生活。而且最好能让夫妻一边下厨、一边照顾孩子做功课。**

喜欢自己下厨，特别是喜欢烹调海鲜的家庭，由于孩子还小，而家中正式的宴客餐厅太大，所以设计师直接在独立的厨房空间中设置中岛吧台，孩子在此做功课的同时，父母也能在吧台上备餐，而独立的空间与玻璃隔门，不仅可阻隔烹饪的油烟，更能防止孩子乱跑。但也因为孩子直接在厨房中活动，因此无论是回字动线、烤箱与冰箱的位置，甚至是导圆的中岛吧台与柱脚都是已仔细考虑过孩子安全问题的设计。

## 业主的愿望 08 炉具中岛＋中岛吧台＋餐桌

**希望空间能保有美国住宅般的开敞舒适，又呈现日式风格的简洁优雅格调。而厨房设计必须要满足一边处理家务一边照顾孩子的需求。**

本案中的夫妻长年旅居美国与日本，希望融合美式空间的宽敞与日式空间的亲密。因此设计师从便利性出发，将客厅、起居室到厨房、餐厅皆规划成开放空间，并于厨房中设置两个中岛，一个以不锈钢打造，一个以钢琴烤漆完成，营造出清爽、易保养、触感佳的共厨环境。不锈钢中岛是孩子的玩乐台也是家人的用餐台面，当母亲在旁边的钢琴烤漆中岛忙着下厨或做家务时，孩子可以在此吃点心、玩耍、画图写字，方便母亲就近照顾。

## 业主的愿望 09 大型中岛＋快炒区＋餐桌

**因为是度假住宅，所以放假时家中姊妹、亲朋好友都会来玩，大家一起下厨好不热闹。而且房子位于田野之中，中岛台面也可以随时变成小朋友们展示田野宝物的舞台。**

位于田野中的宽广大宅，设计师以开放式餐厨空间来满足多人同时下厨的需求。中岛台上的水槽、电炉、炸炉与电烤架一字排开，宽广的台面也让姊妹们同时下厨不成问题，而台面下则设置了洗碗机、餐盘的收纳柜，让清洁与取用的流程十分顺畅。也因为厨房外侧即是田野，嬉戏的孩子们还常常带回战利品，在台面上展示他们的宝物，让厨房成为亲子的田野研究室。

## 业主的愿望 10 多边形厨房＋餐桌变中岛

**传统格局的封闭⊓字形小厨房，怎么改变成为边用餐、边聊天，又能轻松欣赏屋外河堤美景的景观厨房？我想要边欣赏优美的风景边用餐！**

原来供居住使用的传统格局，将空间细细分割，虽然房数足够，却影响了采光又阻隔了屋外美景。设计师将大门旁的封闭厨房做了移位处理，从屋后角落往室内中心移动，结合餐厅与客厅，变身为能欣赏美景的开放式公共空间。而业主喜欢的原木餐桌以45度角的轻松姿态呈现，连接厨房吧台，更成为厨房的延伸，不仅方便大家下厨、喝茶聊天，更是引人注目的焦点。

# PART 5
# 厨房设计精选

# 厨房设计精选

动线、收纳、创意、机能、厨具一次搞定

## 精选案例一：住进大自然的烹饪空间
## 狭长的厨房若连客厅一起规划，也可以做出冂字形厨具

在长形的空间中采用冂字形厨具设计，特别留设的景观窗，更让厨房工作者能拥有大自然陪伴的愉悦心情。

### 隐藏式入口 既实用又美观

餐厅主要墙面以深色胡桃木铺陈，镶嵌铝条以强化水平轴线，使整体空间整洁宁静。通往厨房的入口则巧妙地藏于墙面中，做出既实用又美观的设计。

风格｜泳池端景厨房
设备分析｜倒T字形吸油烟机、人造石台面、电烤箱、上下橱柜、高身柜
主要建材｜瓷砖、玻璃

## 引入自然光 池畔围篱成室内借景帘幕

设计师将厨房、餐厅都安排在可欣赏泳池美景的邻窗面，除了巧妙地将绿色围篱拉进室内，成为窗面独有的绿色帘幕外，自然光的引入，也让空间充满暖和明亮的温馨氛围。餐厅使用与客厅一致的深胡桃壁面铺陈，并嵌铝条做出横向轴线，产生具有平衡感的视觉效果。通往厨房的入口则低调地隐于餐厅主墙中，以隐藏门片连接，让空间完整而不显紊乱。特别在与泳池相邻处规划窗景吧台区，作为池畔的饮料、食物最便捷的补给站。

设计重点 1

当柜身升高至 85 ~ 90 厘米时，就被称为吧台，优点是可以挡住厨房内一时凌乱的景象。

## 2 IDEA 双面柜设计 烹调取物超便利

厨房使用洁白色调，一字形规划厨具，让整体空间呈现简洁沉稳的现代质感。双面柜体规划，让业主转个身即可拿取物品，在烹调时效率更高。

## 双面柜规划 提高烹饪效率

厨房以白色瓷砖、柜体台面制造与餐厅截然不同的轻盈感，仅以下方柜体门板的木色维持空间整体感。转个身即可拿取碗盘物品，提高烹调烹饪效率。安排不同尺寸的柜体，让物品能分门别类地摆放，增强收纳功能。

设计重点 2

有窗景的厨房很舒适，但记得炉火位置要离窗户远一些，免得风吹进来影响抽油烟机功率。

设计重点 3

ㄇ形厨具中间宽度在 80 ~ 90 厘米之间最好用，拿取物品或两人擦身而过都轻松。

## 精选案例二：餐桌吧台整合概念
## 不靠墙的厨房，就不必是长形或方形

由一字形厨具衍生出来的弧形桌体，利用石砌结构、马赛克材质修饰，融入游戏场的设计概念，产生野餐乐趣。

1 IDEA

### 餐桌结合厨具台面 提升空间使用效率

餐桌并不独立设置，而是以弧形姿态巧妙地融入厨房规划，可就近使用厨具功能，同时提高空间运用的变化性。

风格｜游乐场主题餐厨合一
设备分析｜倒T字形抽油烟机、下橱柜
主要建材｜木地板、人造石台面、玻璃台面

## 餐桌吧台共用 空间有效率

这是一间80平方米的温泉套房，新一代的年轻业主将它作为家庭聚餐之用。由于业主可接受非传统设计观念，于是设计师打破常见的制式聚会餐厅，虽保留厨房位置，却充分利用一字形厨具所延伸出来的弧形桌体，使其实现既是餐桌，亦是吧台的功能，让空间整体运用更有效率，变化性也更大。

## 游戏俱乐部概念 契合整体设计

为呼应游戏俱乐部概念主题，设计师撷取公园石桌意象，以石砌结构、马赛克材质修饰，再搭配上玻璃台面，将野餐乐趣移入室内，成为整体空间的趣味焦点。不规则台面与厨具特意衔高，缩短厨房烘烤、烹饪时快速备菜上桌的距离，也可作为厨房区的临时台面，当家长们专注于烹饪工作时，能随时注意在厅区嬉戏的小朋友的安全。

设计重点 1

顺着半圆形的建筑格局设计趣味厨房，形状不规则的餐桌可以坐下很多人。

设计重点 2

人造石台面现在已经能够切割成各种造型了，只要先请木工打好样板，工厂就可以按样进行切割。

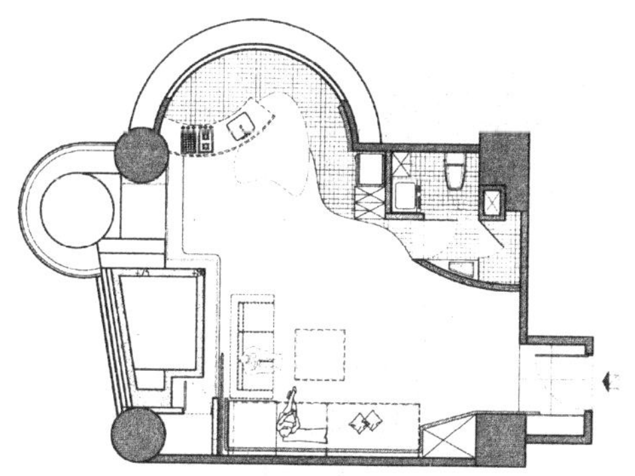

2 IDEA

### 趣味游戏场概念 享受室内野餐乐趣

呼应整体游戏场的设计概念，弧形餐桌以石砌、马赛克、玻璃台面打造，营造公园游戏野餐般的氛围。

## 精选案例三：隐身动线的厨房设计
## 无走道的空间，用活动门做出三部曲动线厨房

不同于常见的中岛吧台设计，厨具以一字形的方式呈现，让厨房在两侧活动隔屏开启时，成为居室的自由过道。

1 IDEA

### 铁网隔屏 做最隐约的透视隔间

开启或关闭，将决定厨房是空间还是动线。使用铁网隔屏，让光线不至于被完全阻隔，并在区隔空间的同时，保留一定的透视性，适度给予居住者自在呼吸的轻松感受。

风格｜三部曲动线厨房
设备分析｜厨具
主要建材｜烤漆玻璃、铁件、人造石台面、铁丝

## 活动铁网隔屏 自由动线规划

对于设计师来说，家居空间应该是灵活多变的，就像一个大方盒，在必要时可以随意组合或切割。在设计居住空间时，运用大量活动铁丝网隔屏，让动线的变换成为日常生活中出现最频繁的组合游戏。“如果光线和空气阻隔，就会觉得空间狭隘。”设计师说，“空间不能是笨笨的，要想的是能让居住的人得到什么！”

## 是厨房也是动线 让生活更自由

省去了一般厨房常出现的中岛吧台，而是以一字形的方式呈现，橱柜门板选择了简单的典雅白，使其自然地融入整体壁面，让厨房在两边活动隔屏开启时，俨然成为家中过道，是设计师在这个自由动线居家的特别安排。

设计重点 1

在无走廊的格局中，每个空间都会很宽敞，厨房位置势必会与动线、收纳等一起考虑，产生空间重叠的问题，活动隔间就被充分运用在区隔不同时间被看到、走过的不同区域。

设计重点 2

电器收纳柜采用木工制作，设计师将冰箱、热水壶、咖啡机整合进来，安排了电源和散热等设备。

2 IDEA

## 一字形厨房 最机能的过渡端景

橱柜门板以白色板材铺陈，与空间的主要壁面颜色融合，一字形橱柜设计省去了岛形吧台，使厨房空间能适时扮演过道角色。

## 精选案例四：弧形动线的厨房设计
## 弧形造型减少锐角，走动更安全

为减少意外碰触锐角的机会，不妨设计弧形动线，而降低厨具使用高度，更是有利于行动不便的家人使用，厨房安全性大大提高。

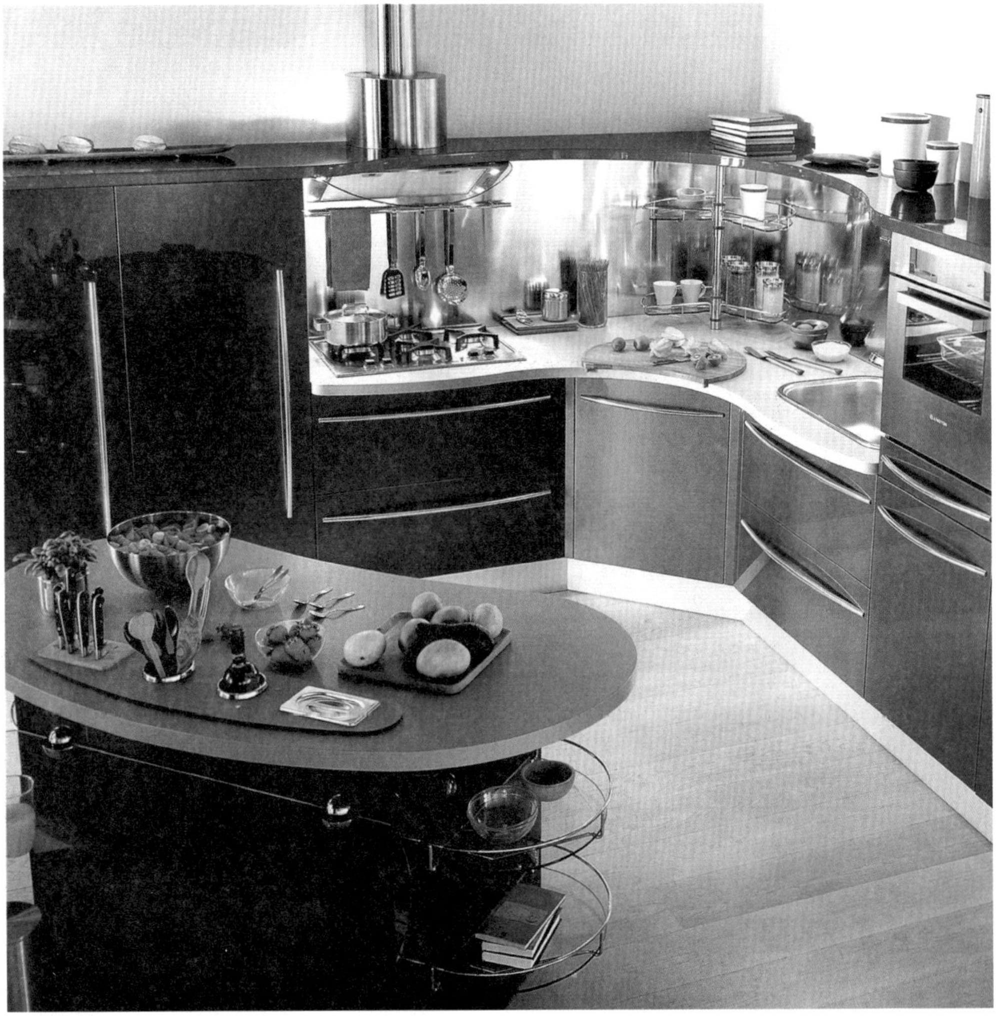

### 弧形烹饪台 保证厨房安全

在厨房大展身手，最怕的是忙碌当中，不小心就推到别人或是撞上某一尖锐点，为了安全起见，可以试试看弧形烹饪台、岛形桌。

风格｜曲线厨房新印象

设备分析｜倒T字形抽油烟机、底柜、电烤箱、岛形桌、钢琴烤漆门板

主要建材｜人造石台面、木地板

## 弧形动线设计 与安全相伴

顺应时下流行的开放厨房规划，除了讲究美学造型之外，对于居家水火重地的厨房来说，安全更是丝毫不能忽视。在安全厨房的概念中，避免身体意外碰撞锐角是设计要素之一，因此在厨房设计时，整个厨房动线以弧形线条来修饰，如岛形桌减少台面边缘的锐角产生；另外，在把手配置上，除了隐藏式的把手设计外，也可采用长弧形把手。

## 降低厨具高度 引入防老概念

生活影响设计，厨具厂商也注意到人们对于居家安全的重视，针对行动不便的家人，降低台面高度至 80 厘米，将上吊柜部分控制在 115 厘米的可及范围，即使是亲人无法陪伴在旁，自己也可以坐在轮椅上处理“厨事”。其他像是收纳层架也采用转盘设计，方便行动不便者拿取物件。

### 设计重点 1

弧形厨具因为通道不垂直，会占用更多面积，但是两端向中间弯折使拿取物品的距离变短，对行动不便的人来说，比较方便。

### 设计重点 2

没有边角的好处是安全，尤其是将炉具开关设计在台面上，小孩子更不容易碰到。

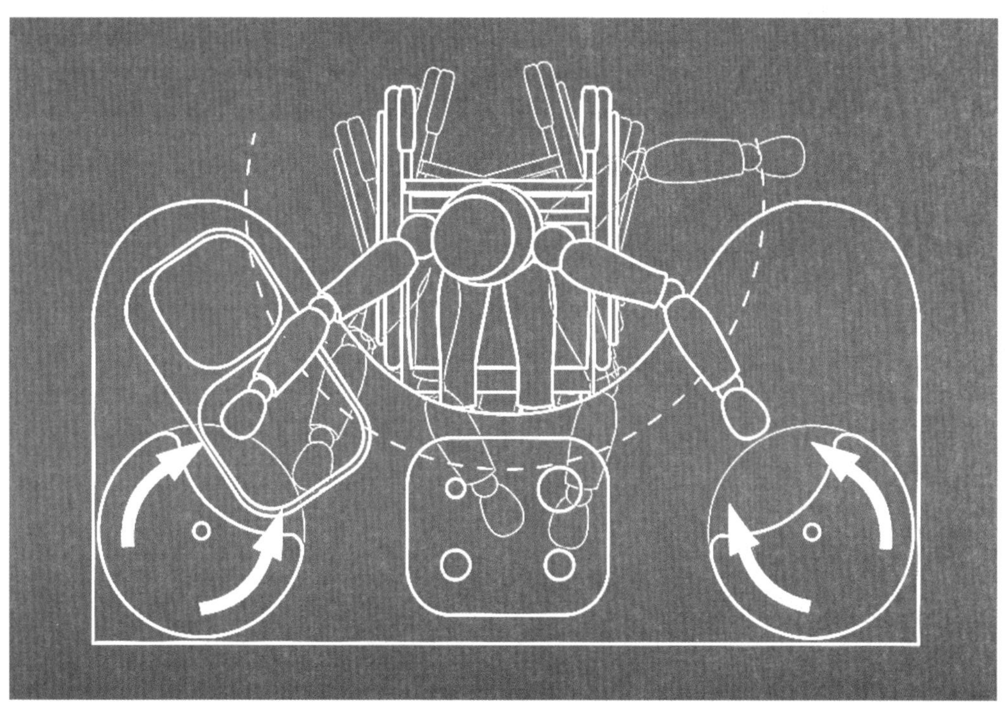

## 2 IDEA 定点取物操作 满足了行动不便者的需求

厨具台面降到 80 厘米，上吊柜也下降到 115 厘米，行动不便者也能享受下厨的乐趣，在使用动线的规划上也以定点旋转取物为佳。

## 精选案例五：早餐台取代餐厅
## 把公共空间当作广场来看，早餐台面仿佛喷水池面

打破原始空间定义，开放式厨房以早餐台提供餐厅功能，掌握餐具柜收纳细节规划，特别定做的大尺寸餐桌，还能制造家居派对气氛。

1 IDEA

### 早餐台兼餐厅 宛如广场喷水池

兼具餐厅功能的早餐台，就像是城市广场中的喷水池，在开放式厅区里，让整个备餐过程有不同寻常的乐趣。

风格｜中岛白色厨房
设备分析｜一体成型门板、加热滤水器、烤箱、下橱柜、倒T字形抽油烟机
主要建材｜白膜胶合玻璃台面、人造石、非洲柚木地板、喷砂玻璃

## 早餐台取代餐厅 感受厨房生活

摒弃常态餐厅的设置，设计师在开放式厨房中，以早餐台提供餐厅的功能。看似餐厅的功能消失了，其实隐含于早餐台之中，掌厨的人可以享受厅区的影音娱乐，厨房也能分享来自客厅的采光，将特色厨具美丽地展现出来。

设计重点 1

当厨房处于公共空间时，就不具备厨房的意义了，壁面也不必用瓷砖来贴覆，因此设计师使用喷砂玻璃做墙面，省钱、美观又易清理。

## 掌握功能与配件 制造家居派对气氛

早餐台朝向大尺寸发展，宽逾一米、长达二米七以上，强化广场喷水池的视觉意象，而面向厨房的背面，则兼餐具柜收纳小家电等物件，高度甚至增高至一米，遮挡厨具下柜，再搭配吧台椅，完美塑造出厨域家居派对的场景气氛。

设计重点 2

长吧台不只能做操作台面，在宴客时更可以容纳许多客人，但要注意高度只能比厨具高一点，因为高度和吧台一样时，人是无法长时间坐得舒服的。

2 IDEA

## 拉高柜身 增加收纳空间也更美观

刻意拉高早餐台的柜身，借此遮挡厨具，面向厨具背面的位置则收纳了小家电等用品。

## 精选案例六：餐厨区域设计感强
## 解决开门见厨房的设计弊病，做一道隔屏省钱又快速

利用夸张的比例给厅区带来强烈的设计感，使餐桌、沙发、旋转楼梯成为空间中的主要线条，整个大厅连成一体，开阔居家视野。

1 IDEA

### 运用夸张比例 打造建筑趣味性

空间格局经过拆除后，厨房与餐厅连成一体，线条笔直的浅色木餐桌，让烹饪和进餐紧接在一起。

风格｜现代简洁开放餐厨
设备分析｜烘碗机、烤箱、上下橱柜
主要建材｜柚木地板、水泥板、玻璃、斑马木

## 简单格局＋夸张比例 展现强烈设计感

设计师将原来的空间隔间拆除，不仅能开阔视野、提升空间感，也有更多发挥的可能性。利用夸张的比例让空间产生强烈的设计感，像是餐厅那张厚实的长形木餐桌、大件厚实的沙发、吸引视线的旋转楼梯，都在空间里划上主要的线条。

设计重点 1

如果想要移动厨房，水电也必须重做。用一道有穿透感的隔屏遮蔽，是最经济快速的做法。

## 灰色玻璃隔屏 构成趣味画面

站在玄关处，前方即餐厅、厨房动线，设计师运用一块灰色玻璃为隔屏，镂空又有穿透感，保有完整空间。此外，在入门位置左面规划一个大型储物柜，进门的一面摆放鞋子，靠近厨房的部分则安排放置诸如微波炉等厨房电器，柜门采用斑马木皮修饰，降低入门即见大柜的突兀感，又能平衡空间色彩。

设计重点 2

翻修厨房时，如果不想打掉原有的壁面瓷砖，可以用夹纱玻璃或不锈钢直接覆盖，这种材质便宜又好清理，也能省下一部分的拆除费用。

2 IDEA

### 镂空玻璃隔屏 创造借景趣味

从玄关望向餐厅，有一片有趣的灰色玻璃，从中央的镂空长形空间望进室内，会看到一个有趣的画面。

## 精选案例七：双动线吧台厨房
## 长形厨房不一定要修正，延伸台面可以创造出方便的双动线

以烹饪台延伸吧台的手法，缩短厨房动线，在吧台用餐好似坐在铁板烧台前般有趣，拉近掌厨者与用餐者之间的距离。

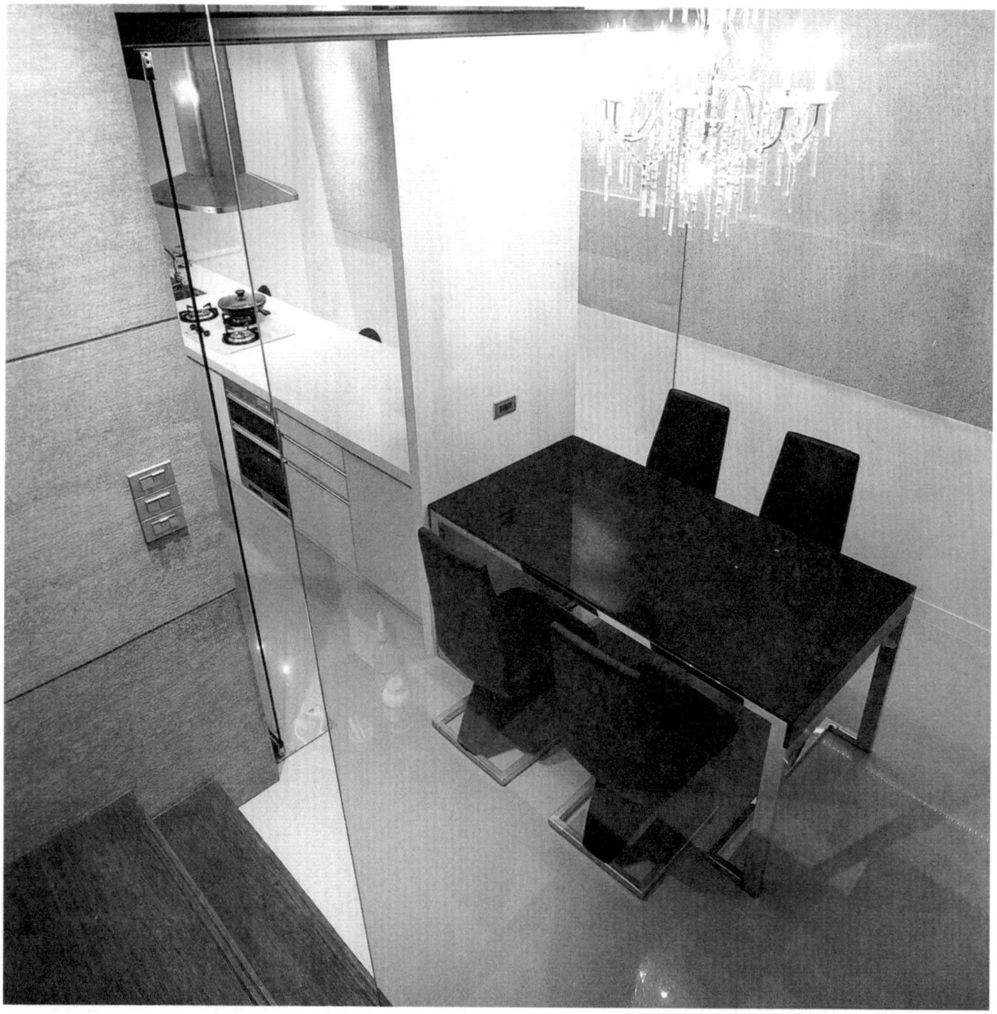

### 双动线规划 面对面增进情感交流

餐厅进到厨房的两个入口，即为设计师特意铺排的双动线设计，两面皆可使用，让厨房不再拥挤，并制造出“面对面”的效果。

风格｜双动线吧台厨房

设备分析｜抽油烟机、直立式烘碗机、水龙头

主要建材｜杜邦石、石英砖、抿石子

## 以日式街屋为灵感 吧台成为情感交流平台

有别于以往开放式L形吧台，设计师利用烹饪台延伸吧台的手法，将厨房一分为二，缩短厨房动线，让烹饪工作更有效率。吧台灵感来自日本的街屋，颠覆长形空间必须修成方形的刻板印象，让业主在吧台用餐好似坐在铁板烧或寿司吧台前般有趣。

**设计重点 1**

平时如果是轻食烹调，可以直接坐在厨房的吧台用餐，偶尔大火快炒时，关起拉门就能阻绝油烟，并且到餐厅用餐。

## 双动线厨房规划 面对面让感情升温

双动线的厨房规划，是设计师的另一巧思。这种设计手法，无论是烹饪台面或用餐吧台，都可以双面使用，不仅烹调和用餐者都有各自活动空间，还能加强感情交流。长形空间中，厨房、吧台、餐厅成为接续的一条线，设计师再利用玻璃拉门区隔空间，分开或合并的空间选择，让应用更加灵活。

**设计重点 2**

如果习惯中式烹调的开放式厨房，又担心进口抽油烟机吸力不足，可以选用120厘米大吸烟罩加强吸力。

## 2 IDEA 一字形吧台 提高互动效益

将传统的L形吧台改为一字形，是设计师独具巧思的设计，烹饪者可与用餐的家人朋友轻松互动，也提高了空间使用效率。

## 精选案例八：开放式亮彩厨房
## 利用灯光和瓷砖颜色，就能软化厨房钢铁建材带来的坚硬感

减少厨房空间用色，但利用暖色的灯光、餐桌布艺，让居住者回到家后，感到很轻松、自在，赋予空间更强的生命力。

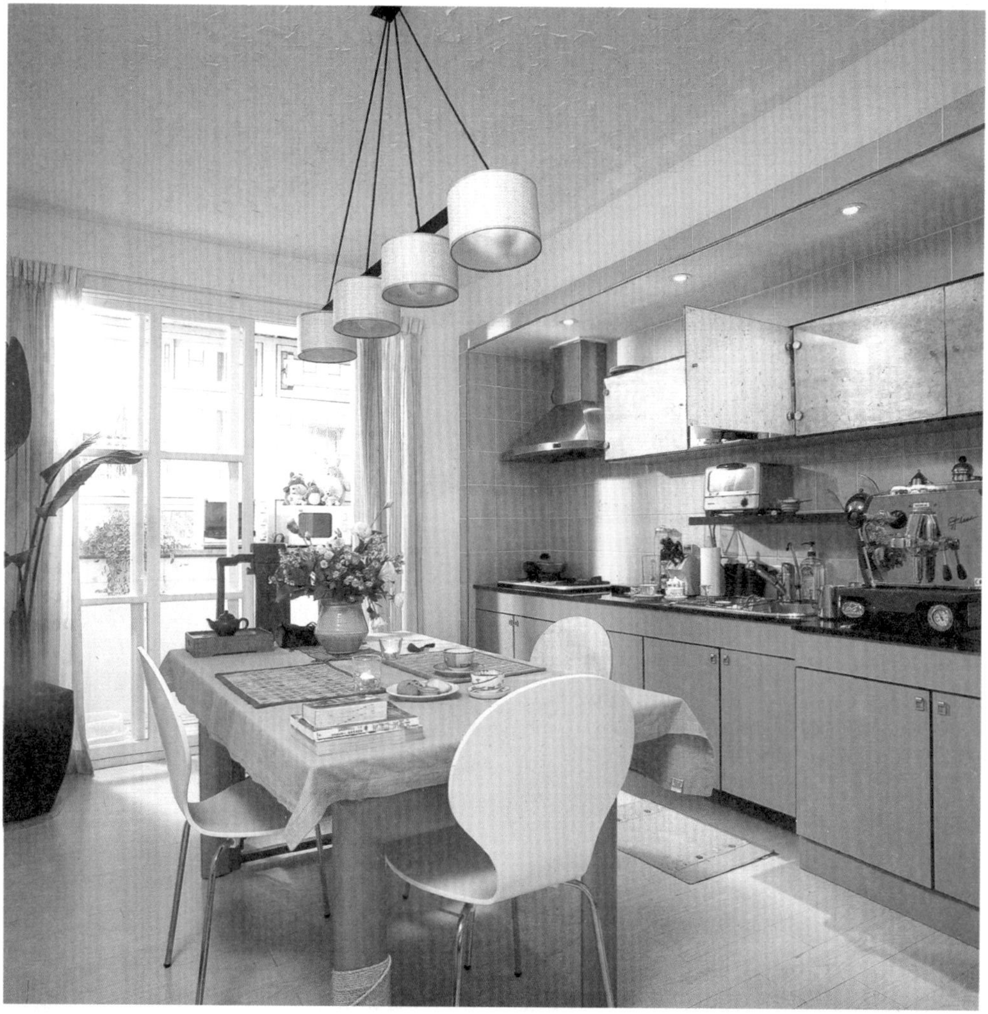

### 映照光晕 让烹饪更添美味

嵌灯照在壁砖、印度黑大理石台面产生温暖光晕，让菜肴看来更加美味。观察居住者所买的杯具、茶叶，更能感受到其讲究生活的一面。

风格｜开放式亮彩厨房

设备分析｜抽油烟机、防火美耐板、上下橱柜、水龙头

主要建材｜不锈钢、壁砖、印度黑大理石、玻璃

## 色彩搭配展现空间生命力

空间除了可以利用家具饰品表现业主的个性外，色彩也是很好的发挥媒介。身处繁华的都会之中，希望回到家能很轻松、自在。设计师特别将厨房空间彩度降低，冷冽的不锈钢材质为造型收边，搭配鹅黄色壁砖、湖水绿厨具，并且利用灯光折射的角度以及餐桌布艺的柔软特质，为空间创造温暖的气氛。

## 嵌灯光影设计 美味烹饪第一步

居家光源已经成为室内设计最重要的一环，好的光源设计不但可以烘托出空间风格、质感，光源的亮度、对比与焦点，更可以改变人们对空间的视觉观感。设计师计算厨房区域灯光折射的角度，于宣纸玻璃吊柜上方规划嵌灯，利用光线烘托温馨感。

### 设计重点 1

厨房的设备动线对于下厨者做菜是否顺手方便有很大的影响，以冰箱摆在最右边来说，由右至左依序应该是冰箱、水槽、砧板、炉具，动线符合做菜顺序才会好用，此外也要注意冰箱开门方向是否符合拿取的动线。

### 设计重点 2

厨房建材以易清理为主要考虑因素，虽然选择不外乎不锈钢、瓷砖、美耐板、玻璃等，但互相搭配与选色，也能创造出活泼温馨的厨房。

### 鹅黄壁砖 VS 不锈钢橱柜 融合冷暖色调

不锈钢、鹅黄色壁砖结合湖水绿厨具呈现偏冷色调的规划，再由印度黑大理石台面，以及灯光投射的位置，使空间增添暖度。

## 精选案例九：ㄇ字形动线机能厨房
## 豪宅厨房不适合实体隔间，因此以大理石地面线条与深色餐桌区隔空间

以白色线条圈围地面，勾勒出洁净的烹饪空间，加上吊灯装饰，点亮满室绝美风情。

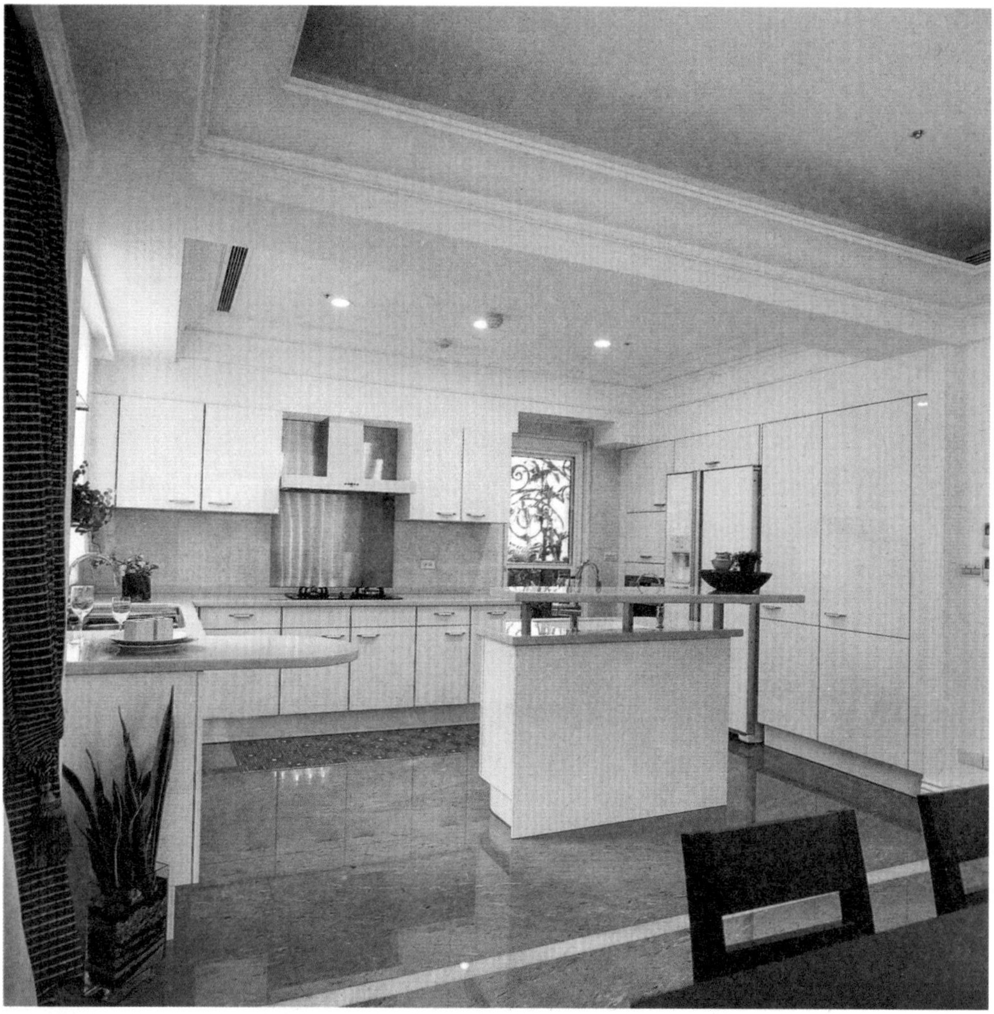

### 冰箱内嵌 呈现ㄇ字形简洁动线

设计师特别规划的白色厨具，除了美观之外，还具备齐全的收纳功能。并将右侧墙面结合冰箱做出一整面的收纳柜体，使厨房空间以简洁的ㄇ字形动线呈现。

风格｜高机能白色厨房

设备分析｜倒T字形抽油烟机、岛形桌、双水槽、上下橱柜、冰箱、烤箱、洗碗机

主要建材｜大理石

## 名品吊灯 点亮满室轻盈净白

在大理石地面上，除了以净白厨具与深咖啡餐桌在颜色上区分出厨房、餐厅外，也利用地板划上白色线条圈围出空间。餐桌上方利用吊灯创造出廊道转进餐厅、厨厅开放空间的视觉重心，并在一片沉稳的柜体木作中，表达出轻盈明亮的高雅情调。

设计重点 1

打算使用有自动制冰功能的冰箱，在厨房施工时就要先预埋冰箱的净水管。

## ㄇ字形动线 定做柜体统一色调、线条

设计师在厨房的规划中特别强调收纳功能，运用足够的柜体收纳电器与厨房用品；并利用柜体定做优势将冰箱内嵌，表现出整体色调统一外，还能突显其简洁利落的线条，呈现功能齐全的ㄇ字形动线厨房设计。独立规划中岛洗涤台面，可提高其使用频率，烹饪忙碌时，还能当作出菜的摆置台面。

设计重点 2

厨房加装空调最怕吹熄炉火与影响油烟扩散，最好用隐吊式空调，装设在下厨者的背后约 50 厘米处，并且采取下出风方式，让下厨者能享受凉爽又不会对炉火和油烟造成影响。

2 IDEA

## 白色地面线条 圈出空间界定

开放式餐厨空间中，纯白色的壁面与质朴的灰姑娘大理石地面延续整体空间风格，加上白色线条圈围，有界定空间与稳定视觉的效果。

# 精选案例十：个性化酒吧餐厨

## 有年代感的木台，左边用餐，右边延伸成置物台

在有限的开放厅区空间，设计师以木台餐桌为串联，制造餐厨合一的效果，同时运用家具用品布置，营造温馨质感。

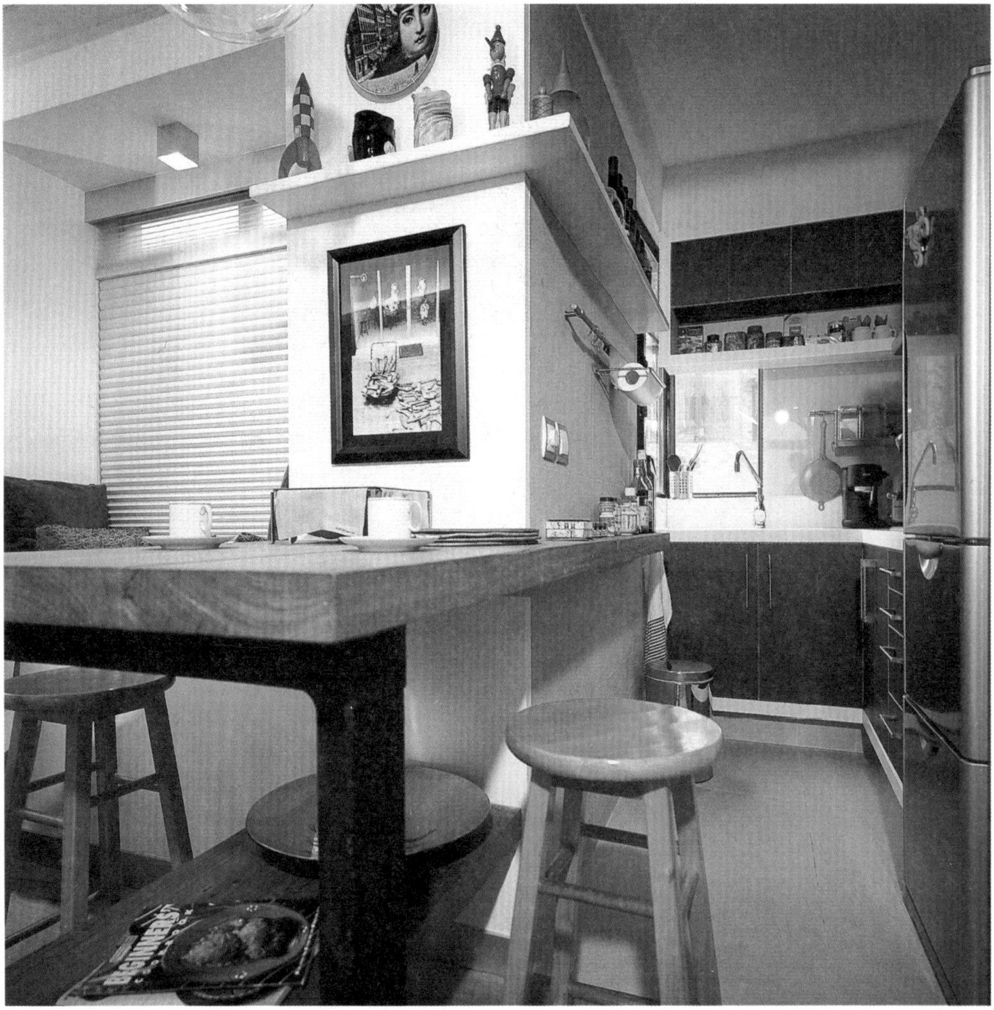

### 运用家具家饰 营造酒吧气氛

找来漂亮的照片挂在桌子前做装饰，让用餐与吃茶点的地方更具个性。由于桌子小小的，加上两张木高凳，坐在这里就像坐在酒吧一样轻松。

风格｜个性化酒吧餐厨
设备分析｜烤箱、冰箱、上下橱柜、烤漆门板
主要建材｜强化玻璃、地砖

## 开放陈设规划 用温馨吸引人

只有62平方米的房子，在公共厅区要规划出客厅、餐厅、厨厅三个区域，可见厅区空间多有限吧！不过设计师的手法却很独特，把家具用品摆满一室，营造空间温暖而亲切的氛围。木台只使用一对支撑脚，让桌子的另一半借力于墙身，木台就这么延伸到厨房成为陈设架，节省空间也巧妙地让餐厅、厨房完美融合。

**设计重点 1**

当空间狭小时，必须更要注意方便使用的最小尺寸，例如厨房入口宽度要有90厘米以上才方便进出。冰箱是左开或右开门，也要视摆放位置而定，否则开门方向不对也会阻碍动作。

## 澳洲古董木头 自然历史质感

身为建筑师的屋主不惜远从澳洲运回一大批的古董木头，餐厅的厚餐桌就是由古董木打造，加上电视柜背墙的CD柜设计、墙角木梯上的灯饰等，全屋铺设原始味十足的厚实木地板，让你留在这里越久越能感受到温暖。

**设计重点 2**

厨房没有多余空间做橱柜时，在不影响动线的情况下，可以利用墙边或畸零空间设置层板架，只需要10厘米的宽度就能放置调料罐。

**2 IDEA**

## 澳洲古董木头 散发自然质感

客厅、餐厅合一的居家空间，每一件家具与装饰品都有来历，其中承载的耐人寻味的故事，更能勾起业主点滴珍贵的回忆。

## 精选案例十一：亮丽多彩自然派厨房
## 开放空间中，采用木质厨具消除厨房存在的突兀感

大面积斜贴瓷砖的拼贴墙身，用色彩与线条的交错转移视觉对于厨房空间大小的注意力，辅以开放式手法，让厨房跃升为高互动性的温馨殿堂。

1 IDEA

### 窗花、松木、复古砖 展现多文化度假风情

开放式的设计，运用窗花、松木、复古瓷砖搭配多文化元素，塑造独一无二的度假风貌。

风格｜多彩厨房

设备分析｜抽油烟机、上下橱柜、电烤箱、冰箱

主要建材｜西班牙复古砖、抿石子

## 烹饪空间成为交流中心

除了将厨房以开放式面貌呈现外，另将餐厅、休憩区安排在相邻的位置，让三个空间连成一线，成为能容纳两个家庭的交流中心。厨房以大面积斜贴瓷砖拼贴，利用色彩与线条交错的方式，转移人们对于空间大小的注意力。

## 多彩铺陈 展现浪漫风情

设计师运用活泼的主色调，融合业主喜爱的古董小物件，诠释厨房空间的多彩浪漫风情。地板以橘红色复古瓷砖铺陈，营造温馨居家氛围；设计师大胆撷取碎花窗帘中的深蓝来装点橱柜，抢眼又不失规则美感。

### 设计重点 1

开放式厨房没有遮蔽，很容易显得凌乱，必须要规划好足够的收纳柜与电器柜。烤箱、微波炉可以在台面下放置，如果高于水平视线会因不好拿取而有烫伤危险。

### 设计重点 2

木质厨具拥有自然感，费用其实和定制厨具差不多，因为木料是以长度计价，做起来不一定会很贵。但如果要制造出表面有木纹或颗粒质感，漆工的花费就较高。

## 黄、绿、蓝多彩纷呈 现代住宅展现自然况味

手拼瓷砖餐桌，与大胆使用家饰布料，装点出具有对比美且带着自然风味的温馨厨房。壁面采用斜贴瓷砖，利用色彩及线条的张力，让人忽略实际面积大小。

## 精选案例十二：长形住宅的开放厨房
## 轻浅颜色与玻璃光墙，改造狭长幽暗住宅

全开放式设计，客厅与厨房共同分享透入的自然光线，以白为主色，呈现轻松自在的下厨情境。

**1 IDEA**

### 全开放空间 分享光源通透视觉

由于单层楼的面积不大，所以在空间的铺排上采用全开放式设计，仅运用主墙材质与天花板造型做出区隔，让厨房也能获得难得的自然光。

风格｜长形住宅开放厨房

设备分析｜厨具、烤漆门板

主要建材｜人造石、大理石台面、米黄抛光石英砖

## 梯间玻璃光墙 解决中段采光问题

设计师在规划时着重“精简原则”，减少复杂的空间形态所造成的壅塞感。客厅、餐厅、厨房位于二楼，为了解决长形空间中段密闭幽暗的问题，在相邻的楼梯处设置胶合棉纸玻璃隔屏，来替代传统楼梯的扶手栏杆，透光质感将梯间光线引入室内，使厨房空间透亮而温馨。

设计重点 1

L 形厨房中，冰箱、水槽、炉火三点构成三角工作动线，彼此的距离应该为 60 ~ 90 厘米，才不会造成太近碍手碍脚、太远来回奔波的情形。

## 淡雅厨房用色　打造悠闲角落

为让空间更加通透，客厅、餐厅、厨房采用全面开放式规划，借由主墙材质与天花板造型，界定明确的区域范畴。为了让视觉更加柔和舒适，厨房采用白色作为主色调，除给予人洁净感受外，也不再切割空间，凸显静谧清爽的质感特色。

设计重点 2

大型冰箱分层分格的设计，利于各种食材存放保鲜。例如药材就能和蔬果分开，味道不会相互沾染；刚买回来的肉类要先急速冷冻，再存放冷冻库，避免肉类在非结冻状态下变质。

## 人造石便餐台 界定空间、呼应白色基调

开放式厨房以便餐台界定范畴，这里也是业主品酒、喝下午茶的休憩角落，以白色人造石铺砌，呼应厨区素白的简约风格。

## 精选案例十三：清新明亮的安全厨房
## 习惯中式烹调的家庭，还是要考虑弹性运用拉门来阻隔油烟

拥有自然美景相伴的开放厨房，因餐厅具备良好的采光，在光影交错之下，构成一幅清新雅致的美丽画面。

### 美景相陪 清新宽敞餐厨

餐厅拥有最灿烂的阳光与美景，与浅木色、人造石台面共同创造洁净明亮的厨房空间氛围。

**风格**｜安全厨房

**设备分析**｜臭氧杀菌烘碗机、瞬间加热滤水器、三口玻璃炉、隐藏式抽油烟机、意大利进口烤箱、进口卷帘门中高柜、高身电器柜、结晶钢烤门板、美心板、人造石台面

**主要建材**｜紫罗兰大理石、橡木染白、玻璃折门

## 以餐厨为中心 自然美景相伴

以一体成型的浅木色人造石台面和左右拉门构成的开放厨房设计，兼顾实用和美观。当开放厨房合上左边拉门，吧台遂成为另一幅端景，视觉穿透其间，空间无形深远。一旦完全合拢门片，也宛如造型壁面，有利于阻隔油烟，而因餐厅具备良好的采光与景观，光影交错下令人倍感清新雅致。

## 厨具像家具 隐形收纳实用性强

最让业主满意的就是家电的隐藏设计，像是烘碗机就近隐藏收纳在水槽区、烹调区的上吊柜内，电锅则隐身在吧台区旁，采用拉板式规划。无把手的厨具设计，将厨房空间线条降至最低，宛如一件件精致家具，与室内设计搭配得宜。

设计重点 1

如果要安装滤水器，最好安排在水槽柜内，并预留 80 厘米宽的桶身，也要预留插座，若选用冷热水设备则需要两组插座。

设计重点 2

餐厅与厨房之间用左右两道拉门弹性区隔，自由变换空间感。上轨道的设计，让餐厨之间的地板没有界线，避免让地面上的轨道切割空间。

### 左右拉门 弹性调整开放程度

开放厨房以左右拉门区隔餐厨区域，完全敞开时，视线穿透其间，空间感倍增，即便是合上门扉，也有如造型壁面般精致。

## 精选案例十四：阳光玻璃花园厨房
## 阳台不必总是外推，内缩加上圆弧玻璃引进更多好景色

让阳台内缩到室内，以圆弧玻璃屋的手法表现，并在厨房、花园间的过渡地带增设便餐台，营造有如在自然中用餐的惬意情调。

**1 IDEA**

### 明亮花屋 遍赏自然美景

室内庭园位于餐厅至厨房的过道区，圆弧形、透明的外观设计，让室内每个区块都能欣赏到此处的自然美景，在过渡功能之上更增添了些许悠闲风味。

风格｜花园厨房

设备分析｜冰箱、上下橱柜、烘碗机、净水设备

主要建材｜瓷砖、人造石台面、山毛榉、抛光石英砖

## 圆弧玻璃花屋
## 巧设过道餐台品味自然

设计师利用此户面面采光的优势，在空间中心规划出阳光花园，并从阳台内缩室内，以圆弧玻璃犀的表现手法，使得业主身在屋子里的每个角落都能欣赏到此处的景观。打开与花园相邻的玻璃门片，开放式的厨房立即迎进整面花园景观。

设计重点 1

除了用外推阳台增加室内空间外，也可以选择内缩阳台，引进更多自然光线，居家明亮，空间感自然放大。

## 简洁厨区对比衬色
## 构筑花园最佳背景

厨房简单的L形厨具设计，让线条更显简洁，形成更开放、无碍的回身空间。而沉稳的深色橱柜与光洁的抛光石英砖，形成截然不同的空间对比色调，融合餐厅柜体主墙的山毛榉材质，成为相邻的室内花园最佳的衬底配色。

设计重点 2

人造石具有无毛孔的特性，不易变黄、藏脏污，好保养又易清洁，而且延展性也很好，能做到弯曲或拼接无接缝，加上已能做出仿天然石材纹路，价格也比较容易让人接受，因此被广泛用于厨房台面。

## 简洁空间铺陈　创造明亮烹饪天地

开放的厨房动线，简洁的L形厨具安排，构成明亮、轻快的烹饪空间。山毛榉结合深浅色调，成为最完美的自然景观陪衬底色。

## 精选案例十五：北欧风小厨房
## 控制厨房预算，采用不锈钢和喷砂玻璃当墙面

利用水平线条的延展性，以及自然材质的运用与搭配，让这间只有 50 平方米的住宅，也能享有舒适宽敞的开放厅区。

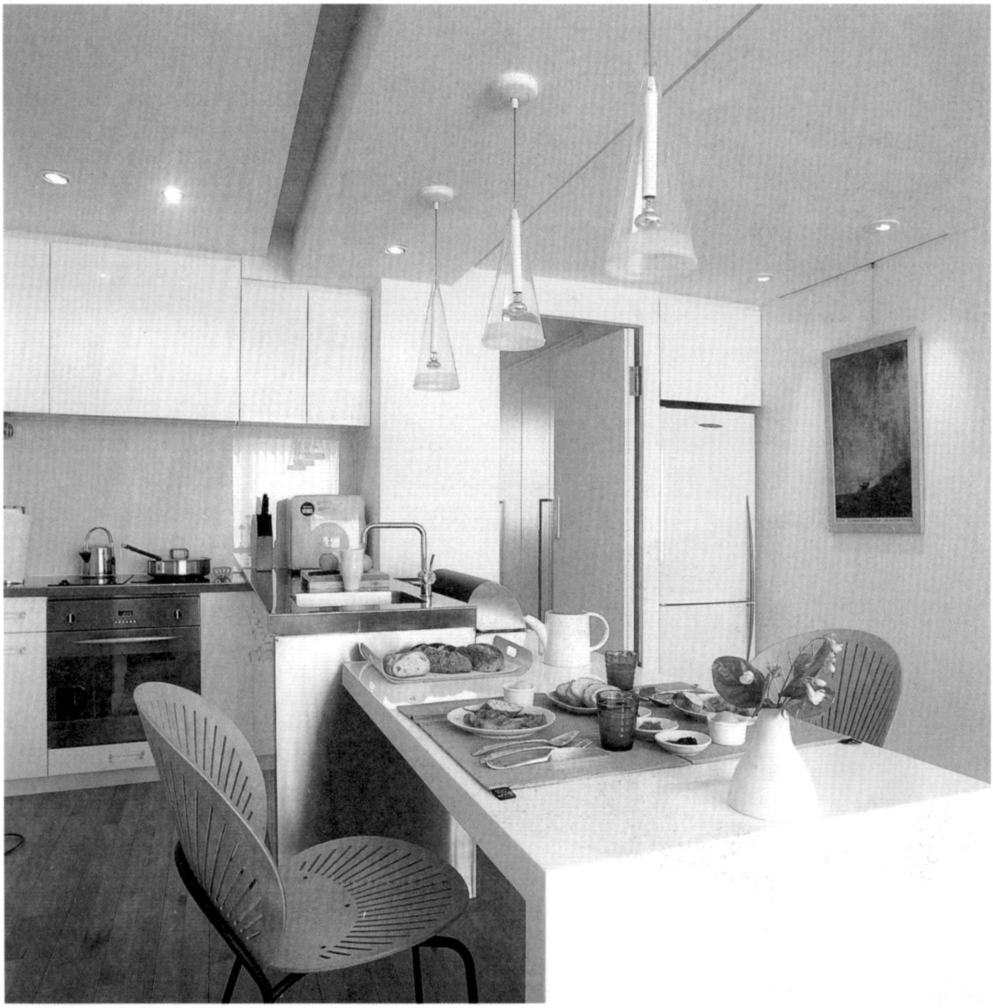

### 拆除隔间 打造开阔厅区

在 50 平方米的空间，必须容纳客厅、餐厅和厨房，将隔间重新拆除之后，运用空间结合的手法，加上舒适的垂直水平线条，让空间变得十分宽敞。

风格｜北欧风小厨房

设备分析｜不锈钢台面、上下橱柜、人造石台面餐桌

主要建材｜山毛榉实木地板、橡木染白

## 小面积多功能 创造开阔厅区

房子仅有 50 平方米，原始空间格局很难实现多种空间功能，设计师拆除隔间，重新塑造出宽阔的公共区域。为求达到空间的舒适性，不但要讲究水平、垂直线条的均衡，还要注重层次效果，如柜体的位置、家具的高低线条，创造空间的舒适协调。

**设计重点 1**

中岛台面的水电管路设计较复杂，必须在规划时就要预留管路，并且要垫高地板以做泄水坡度，否则到时候只好牺牲的中岛台面水电功能。

## 鲜明北欧风格 写意舒适自在

以北欧风格为住宅主题，前阳台外推后，自然采光通透入室。此外，不锈钢烹饪台、人造石餐桌皆具备了易清理的特质，纯白色调正与自然的北欧风相互呼应。因客厅与餐厨为开放空间，设计师沿着壁面所规划的完整收纳空间，从沙发后方延续到餐桌面，可同时给两个区域提供实用功能，又不影响厅区的活动范围。

**设计重点 2**

不锈钢、喷砂玻璃不仅不怕油污、易清理，价格也便宜，更可以直接覆盖在旧有瓷砖上，是非常实用的厨房建材。如果希望用别的颜色的玻璃，可以选择烤漆玻璃。

## 人造石台面 省空间又实用

将人造石餐桌与不锈钢烹饪台串联起来，人造石餐桌除了是餐桌，也能当作厨房的置物处，或是选个酒架饰品，把这里当成精品展示区，烘托空间氛围。

## 精选案例十六：丁克族的开放厨域
## 加长加宽的吧台台面，不只能用餐还能当书桌

宽敞的吧台桌面，让下厨者与来访亲友享受互动乐趣，同时也可成为书桌，空间功能多元丰富。

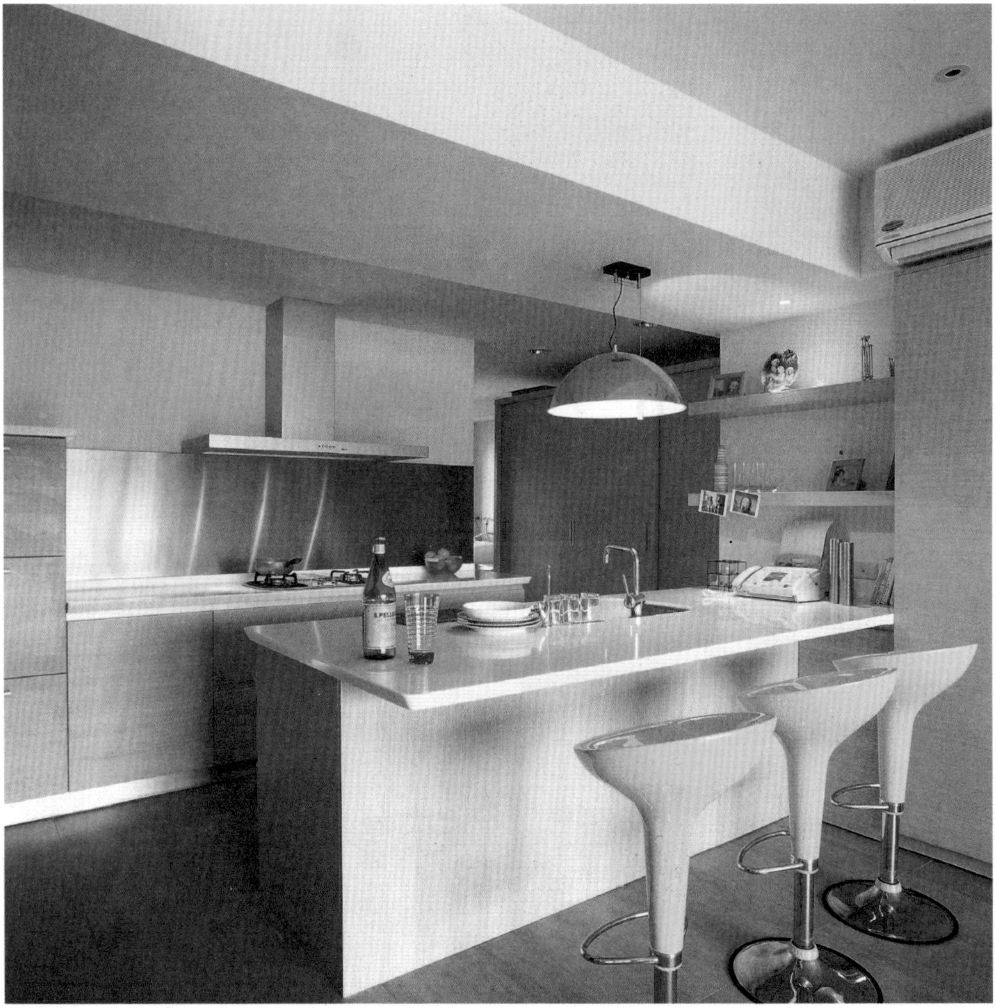

### 开放厅区设计 既宽敞又轻松

以开放式规划的客厅与厨房，拉长整个空间，搭配浅色石英砖地面、沙发和橱柜，轻松的生活氛围就此蔓延开来。

**风格**｜开放式厨房

**设备分析**｜倒T字形抽油烟机、下橱柜、双口炉、岛形桌、高身柜

**主要建材**｜意大利聚酯成型板、杜邦人造石

## 开放厨房 让亲友同欢

这个115平方米的空间是业主夫妻的二人世界，设计师为了让空间更开放、自由，特别规划了开放厨房，搭配吧台式的橱柜，合宜顺畅的动线，让女主人可以一边工作一边与来访的亲友互动。另一方面，设计师更特意挑选浅木色橱柜，使空间不会显得压迫，配上鲜黄色的高脚椅点缀，营造简单轻松的休闲氛围。

### 设计重点 1

最好加宽吧台的台面宽度，让双脚及膝盖不会因顶到吧台柜身而不舒服，要留有20厘米的放脚空间才会舒适实用。

## 多功能吧台 空间有弹性

宽敞的吧台台面其实不只是餐桌，也是书桌，不但可以摆放传真机、书本，也可以把笔记本电脑移到桌面上来使用，无形中让空间利用更为多元。

### 设计重点 2

如果下厨机会较少，增加多功能台面可以提升厨房使用率。

**2 IDEA**

## 运用墙面落差 增加餐厅功能

利用原有墙面所形成的落差，规划可双层使用的收纳柜，增加厨房的功能，而吧台台面则以层板设计为照片展示区，记录生活点滴。

# PART 6
# 厨房风格精选

# 厨房风格精选

## 精选样式一　高收纳型中岛厨房

中岛厨房最大的魅力不仅是厨房、客厅结合所带来的开阔视野，同时充满变化的造型设计，以及创新板材和丰富的储物功能，都让整体空间具有独特的韵味。

### 01 开放式层板 增加收纳空间与视觉穿透感

将乡村风惯有的繁复线板淡化，巧妙融入都市感的视觉调性，但同时仍在踢脚板、把手等细节处保留乡村风元素，使厨房整体更为清爽明亮，淡淡的乡村风也提升了厨房的温暖感；玻璃吊柜、层板、配件，在满足收纳需求之余还具有装点效果，搭配开放式层板柜的中岛功能性更强，也让视觉穿透性增加。

### 02 发挥中岛作用 烹饪、用餐多用途

顺应空间格局安排高柜，并与壁面水平切齐形成嵌入式设计，使厨房成为居家生活空间的延伸。简约的中岛兼具吧台功能，让有限的空间发挥最大效用，典雅浅色木质与现代烤漆让整体视觉获得平衡，营造出和谐平静的氛围。

## 03 中岛厨具变身帆船 展现独特居家品味

以帆船造型设计的中岛厨房，结合素雅烤漆和木纹，呈现休闲的奢华度假风格。除了造型引人注目之外，中岛台面采用经过防水处理的天然原木，更具实用性。圆弧线条也是设计重点，橱柜、抽屉不再有棱有角，更能有效利用空间。

## 04 石纹材质门板 营造舒适休闲质感

选用石纹材质取代温润的木纹烤漆门板，细腻的石纹与厨房背墙相互呼应，保留石纹的纯净却不失原木温度。餐桌则自中岛台面延伸，以吧台式高度设计，营造如度假酒店般的舒适休闲氛围。

## 05 薄石门板 强调环保与创新

中岛厨具部分以中密度纤维板板材，再加上一层激光裁切的薄石板，而背后的橱柜则以金属漆涂刷，不同于以往常见烤漆或是木纹的效果，且如此创新的门板并不会褪色、变质，也不需要特别的保养。

## 06 在中岛厨房共享 美食、阅读、视听娱乐

将厨房视为全家人参与家族聚会的地点，中岛厨区除了提供水槽、餐桌功能之外，岛台下的多功能层板和灰色石英砖分隔槽更展现厨房的实用特点，不论是收纳餐具，或是利用开放层板摆放书籍，都增加了厨房的功能，既是餐厅也是书房和休闲起居区。

## 07 电动厨具 取物更方便

大厨房里的中岛台面是豪宅基本配备，但烹饪过程中总得走来走去拿碗盘或调味料，这时若能施个魔法让物品在眼前出现该多好，雅登厨饰特别贴心设计中岛台面专用电动升降架，让妈妈下起厨来更顺手。

## 08 45 度角的中岛厨房 下厨动线更灵活

本案中的厨房设计，强调与开放式空间的结合，并融合家具功能，增加了厨具的可塑性，经过特殊技术处理，厨具以 45 度曲线弯折，颠覆过去传统直线水平，动线配置也随着使用者习惯有所变化，灵活的造型为厨房带来崭新的风貌。

## 精选样式二 复合材质开放厨房

厨具设计家具化概念日趋成熟，当皮革、水泥化为橱柜面材，宽敞台面扩大成工作桌、餐桌，都在体现开放式厨房所带来的自由复合生活形态。

### 01 漂浮厨具

本案中的装置系统，可直接悬挂于厨房空间的天花板，漂浮吊柜让空间得到适度的分隔，却仍可以保持视线通透，进而营造开放居家的空间感，同时也因为中岛吊柜向上延伸而增加了可利用的收纳空间。

### 02 厨具整合餐桌吧台

强调采用天然材质，高温冶炼的刺槐实木台面搭配不锈钢桌脚的半岛餐桌吧台，与厨具相结合，让空间的使用效率达到最高，同时不锈钢中岛大水槽选用了可自由移动的沥水篮和砧板。

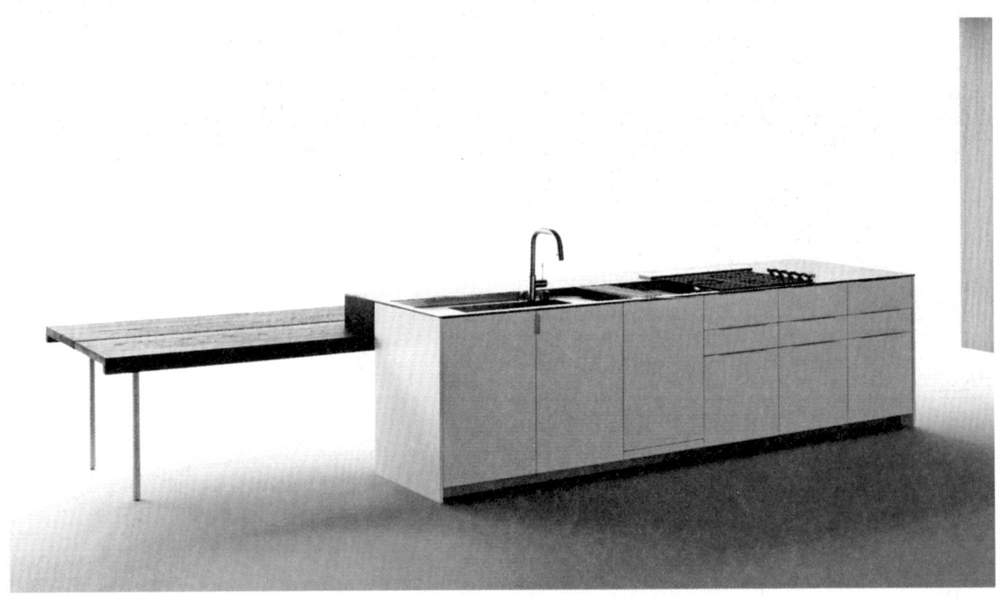

## 03 感应式发光橱柜

橱柜对齐层板前缘镶嵌LED灯源，能柔和照亮橱柜空间下缘，呈现自然生动的光影效果，最特别的是在层板两侧前端弹簧螺栓扣住了一个导电轨组，能自动感应发光，而且所有层板还能依据使用需求调整位置。

## 04 高贵优雅的隐形之美

大理石常见于室内设计装饰，设计师采用具有细腻柔软线条的科罗拉多白色大理石，作为中岛厨具的主要材质，表面经过特殊处理后，类似蛋壳般的质地就算吸收了酸的物质也依旧可以保有美感，隔离处理也让材质不易吸收水分及常用的油脂成分。与大理石中岛对应的皮革橱柜更为特别，全手工缝制的皮饰品，配上有装饰性缝线皮革包裹的把手及精致收边，整体细节十分精美。

## 05 创新材质打造自然时尚厨房

水泥在现代设计中被视为新文艺复兴时期的代表材质，设计师利用水泥的可塑性和柔顺质感将其化为水泥慕斯，另外搭配的橱柜更是布满手工凿出的木纹，特殊的凹凸纹理增添了触感上的乐趣，也突显出厨具的完美工艺。

## 06 汤匙把手、时钟橱柜化为厨房装饰

本案中的厨房，中岛外侧设计置物层，可陈列盘子、盆栽或食品等，将独特的陈列美学视为厨房设计的一部分，而犹如汤匙造型的把手、时钟造型的橱柜，更展现年轻活力。

## 07 贵族般的黑白经典

本案采用原木与顶级金属零件材料、独特的工艺技术、定制化的功能选配，将强烈的意大利艺术风格注入厨房，同时采用经典的黑白色为整个餐厨空间增添贵族气息和艺术情调。

## 08 在厨房里鲜摘香草上桌

本案中的厨房完全开放式的收纳设计，充分展现出豪宅气势，门板用10层的实木皮高压而成，特别适用于高温高湿环境，植物照明灯可直接在厨房种植香草，方便女主人现取食材，烹饪新鲜美味的佳肴。

## 09 多元收纳的厨房中岛柜体

现在的厨房收纳功能十分重要，除了针对厨房用品的收纳空间，还可增设柜体的收纳空间，将收纳柜的使用范围扩大到收纳工作书籍、档案等，轻松整理工作桌面，随时保持工作环境的整齐、清洁。

## 10 厨房变成工作新天地

钢琴烤漆与木纹门板混搭制造自然纯净的空间感，延伸而出的中岛台面，更加方便烹饪时使用。可当餐桌使用，或是加设网线变成工作区，宽敞台面还能当作开会讨论的会议厅，复合式的设计兼具生活感。

## 精选样式三 百变色彩开放厨房

对开放厅区来说，厨房的规划与风格氛围更为重要，而厨具也不再只是白、黑两色，可以通过色彩搭配，或是加入灯光效果，甚至是材质与色彩结合，营造你最想要的氛围。

### 01 轻简约红黑配

艳丽热情的红色，遇上神秘沉稳的黑色，以简约无把手设计，加上中岛吧台的半穿透漂浮感，呈现出现代利落风格，其中更搭配嵌入式电器柜、卷帘柜，提供充足的收纳空间。

### 02 华丽深蓝

不锈钢台面搭配细腻的深蓝色亮面烤漆，以及局部华丽素材、脚柱元素，让厨房成为家中最精彩的空间。

## 03 美味橄榄绿

过去的厨具材质不外乎钢琴烤漆、珍珠板、木纹板等，未来的厨具开始走向创意混搭设计，如这套厨具除了运用橄榄绿玻璃门板，同时也结合天然木纹烤漆，调和出自然温润的质感。

## 04 奢华紫

厨房不再是空间配角！运用紫色作为门板主色，搭配精致水晶吊灯、地毯，营造有如时尚精品般的奢华气氛，加上柜体采用悬浮设计，更加凸突显出空间感。

## 05 热情亮红

采用高亮面红色门片，大胆的用色让人眼睛一亮，不但让烹饪空间变得更活泼动人，也创造出摩登时尚的厨房风格。

## 06 个性蓝光

光与形是空间氛围的最佳调味品，表面特殊纹路与45度斜角设计的门板，拥有宝石蓝光、城市夜景两种选择，配上情境光源，呈现最具个性的厨房设计，同时运用不锈钢金属门板及抽屉等调整电器等高线，让所有电器都统一在一条水平线上，大片门板简化线条，更具视觉美感。

## 07 清爽黄白配

采光明亮的厨房空间，搭配亮面质感的黄白色门板，散发摩登优雅的气质，亮面烤漆材质也非常好清洁保养。

## 08 活力柠檬黄

本案中大胆地将厨具变成鲜艳黄色，为开放厅区营造愉悦氛围，而且让台面以 45 度斜角转弯，再组合不同的弯角台面，让厨具的功能性超乎想象。

## 精选样式四　原木多变乡村厨房

乡村风厨房不只有原木色，通过色彩、材质的搭配运用，或是线条的简化等手法，也能呈现出不同层次的气氛。

### 01 悠闲温馨的天然木纹

本案设计以天然木纹为主，立体门板线条造型更加呼应古典风格，深浅木纹色系或是搭配石材的概念，让乡村风格产生悠闲、轻盈、优雅等不同氛围效果。

### 02 白色调的自然优雅

乡村风空间不一定全室都为木头色，本案中的这套厨具以优雅的染白橡木、手工制条纹涂料，并巧妙地搭配典型的充满浪漫风情的裙边座椅，打造不同于传统的乡村风格。

## 03 营造乡间风厨房

本案采用胡桃木门板，抽油烟机以传统烟囱的造型包覆，搭配复古地砖、石板壁面等自然材质，展现朴实温暖的乡村风格。

## 04 手工实木的细致质感

本案采用手工制作的厨具，从内部抽屉隔层到外部的门板，处处可见细致的做工与顶级实木的质感。自然的木纹创造悠闲与温馨的居家氛围，让人尽情享受烹饪乐趣。

## 05 奶油色的温暖朴实

浓醇的奶油色调门板，搭配内嵌的照明设计为乡村风格添加一份温暖感；中岛或高柜的开放式层板柜与存放干货的小型层板柜体，及厚实的原木台面设计，展现了乡村风格应有的元素，并营造出温暖朴实的乡村质感，而层板柜搭配轻透玻璃，让储物空间增添了展示的功能。

## 06 现代都市乡村风

维持圆润、柔和的造型线条，舍弃繁复以立体层次感的细节处理，呈现出更清爽、利落的都市乡村风，门板、层板、柱脚等边缘保有经典不显浮夸的造型，强化风格的美感，而中岛下方的玻璃柜与古典乡村味浓厚的开放层板柜相配合，也产生一致的视觉效果。

## 07 鹅黄与木纹的搭配

本案中厨具线条具有十足的意大利田园风格，橱体采用柔和的鹅黄色，搭配质朴的木纹板材质，带有托斯卡纳的悠然气息，使在厨房中备餐的主人仿佛进行着一场意大利之旅。

## 08 清爽简约的乡村风

利用柔和木头色系面板构成的开放厨房，壁面搭配白色瓷砖，在简约中散发些许乡村风的悠闲自然感，将水槽设于中岛、炉台转至侧墙的规划，让客厅、厨房形成良好的互动关系。

## 09 中岛乡村厨房

核桃染色实木框架，配上胡桃木门片，打造出动线流畅的中岛厨房，除了地面的人字拼贴木地板，自然随性的布置、摆放也是乡村风最大的特色，美丽的厨房用品直接悬挂于炉台壁面，锅具也悬挂于中岛框架上，同时中岛部分亦兼具酒架、餐桌功能，展现轻松悠闲的乡村生活。

# PART 7
# 浴室改造秘诀

浴室

# 卫浴改造秘诀

观念、格局、设备、安全，不可不知的关键问题

谈空间设计，第一个重点自然是使用者的意图与需求，尤其是功能性很强的卫浴空间，因此，改装前我们须先理清一些基本主题，50个卫浴装修知识，带你学习浴室改装技巧。

## 观念篇

Point 01

### 酒店的浴室都很漂亮，我也想要可以吗？

**精致的浴室和马桶的位置有很大的关系。**好的浴室设计就像卧室或户外的延伸，除了景色之外，“浴室三宝”的安排更重要，尤其是马桶最好独立安排，不然泡澡时看见马桶，会影响视觉体验。

Point 02

### 浴室的选材只能选防水的？

**干湿分离、建材多元可提升质感。**干湿分离的卫浴空间设计，让进入浴室的人无须面临潮湿的环境，甚至无须换穿浴室拖鞋，同时在建材的选配上也不用顾及潮湿环境的限制，壁纸、木质材料等都可以放心使用，对于营造空间气氛的设计变化十分有利。

开放的浴室设计能带来更开阔的视野，是更实用的利用空间的设计手法。

Point 03

### 我家很小，浴室有可能变美吗？

**面积大小与设计精致度无绝对关系。**五星级或精致的卫浴空间不一定要花很多钱或很大空间才能达成，经过专业设计师的格局配置，加上建材的巧思运用，小浴室也可以创造精致特色。

浴室空间整合梳妆台，甚至加入更衣室的功能，让沐浴、更衣、梳妆等都在浴室里完成。

承建商配置两套或一套半卫浴设备的浴室，通过空间的合并，获得质量更高的沐浴享受，省下的空间也可以规划其他用途。

Point 04

## 空间不大浴室怎样才会好用?

**合并浴室，小面积空间利用更佳。**可将传统配置的两套、一套半的浴室整合，规划为一间大浴室，然后加入双走道设计（从公共区域和卧室区各有进入的门），或是以活动墙面区分洗浴室或马桶区，可以拥有空间充足、功能强大的浴室。

Point 05

## 浴室没有对外窗，不能达到酒店等级?

**人工造景与引光都能提升浴室等级。**可以利用书柜、拉门、帘子取代传统墙面设计，并把其他地方的自然光线引进来，南方松加上鹅卵石就可以轻松创造出休闲风格。

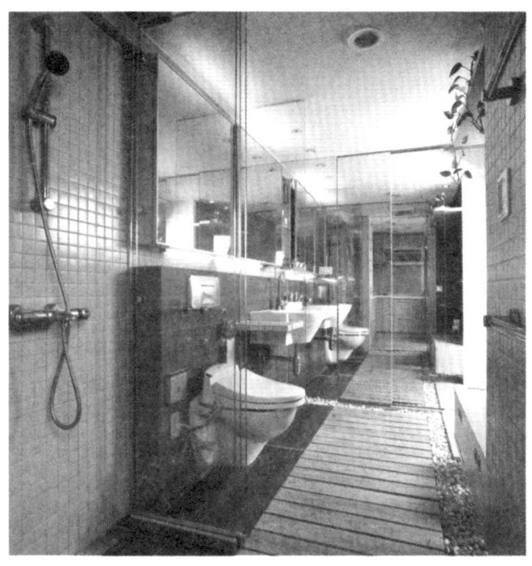

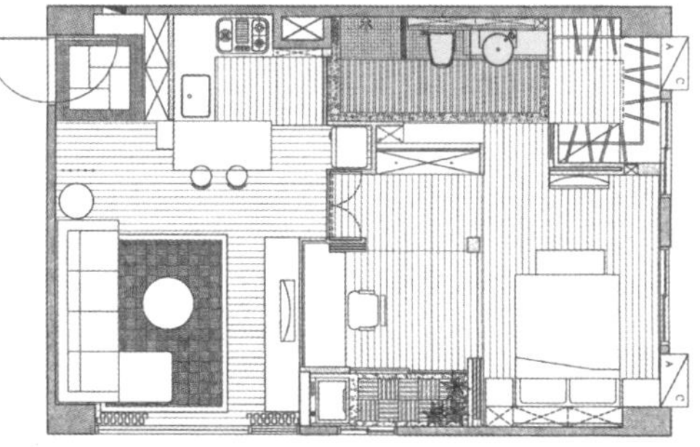

摆脱传统的浴室设计，设计师考虑到使用者如厕时眼前所见的景致，以低台度与下方镂空的装饰柜及层板，增添趣味并加强实用收纳功能。

Point 06

## 更改浴室位置，要加高地面?

**更动卫生间管线可能需垫高地板。**在更动卫浴位置时，必须留意建筑物规划的管道间位置，是否须以加高地板来处理，并且要留心管线接点以及排水角度的施工品质。

落地式马桶存在欧规、美规马桶管距的差异，壁排式马桶则无此困扰，选购前不妨先请教设计师或专业施工人员。

# 格局篇

Point 07

## 洗手台设在外面看起来比较不美观?

**多进式格局设计，视觉更富变化。**所谓的多进式设计，通常是将洗手台、厕间、浴缸划分得更清楚，不仅可用于大卫浴空间，小卫浴空间的规划也可让洗手台独立于卫生间之外，搭配室内其他空间的风格，空间质感更是大大提升。

运用多进式设计手法，将洗手台、厕间、浴缸划分得更清楚，也可让洗手台独立于卫生间之外，浴室感觉更气派。

Point 08

## 浴室必须垫高，但是怕发生意外？

**二进式门槛解决浴室地板高低阶问题。**面对浴室中高低阶的段差，设计师通常会利用现场的格局加以修饰，例如以分段式的斜坡处理，分段减小浴室垫高的坡度，另外也可利用二进式门槛来让高低阶合理化。

Point 09

## 浴室通风只排到天花板，怎么办？

**通风设备是旧屋浴室改建的重点。**单纯设备更新的旧屋浴室改建，要特别注意通风设备的安装，施工时要注意将排风管接至管道间并固定住，以免蛇腹管因震动脱落，造成风扇空转。

Point 10

## 我不想垫高地面，还有什么办法？

**壁排式马桶设计可避免地板增高。**若不想加高地板也可选用壁排式设计，将马桶管路由后方沿着壁面再接上管道间排出，但是设计必须依据现场的状况决定，应请教设计师或者专业的施工人员。

Point 11

## 玻璃浴室虽然宽敞，但隐私呢？

**电控液晶玻璃，瞬间隐藏浴室。**这款是可以用电流控制玻璃透明度的液晶玻璃，平时清玻璃的开放大浴室宽敞舒适，按下按钮，立刻变成雾面。预算不够时，可以用卷帘代替。

浴室的明亮、通风程度，是浴室装修的一大重点。玻璃砖墙、加设通风设备是很好的选择，解决了传统浴室闷热的问题。

选择附有下座的淋浴设备时，须注意其尺寸，多为90厘米×90厘米或100厘米×100厘米，考虑放入浴室后会不会产生畸零空间。

只要按下按钮，透明的液晶玻璃立刻变成雾面。壁挂式马桶巧妙隐藏在金属镀钛光箱后，避免一进门就看见马桶。

对于喜欢偶尔泡澡，但平日仍以淋浴为主的人来说，不妨缩减浴池大小，改以坐式为主。

## 设备篇

Point 12

### 想要一个多功能的古典浴缸?

**挑选卫浴设备，首先要考虑使用习惯。**消费者在选购设备时应衡量使用习惯和空间条件，以浴缸为例，家人是否有泡澡的习惯？还是倾向淋浴的方式？又要泡澡、淋浴，还想要享受蒸气浴？如果住宅潮湿，独立型浴缸外会有霉斑，反而增加清理工作。

Point 13

### 想加淋浴间，请问最小尺寸是多少?

**旧浴室加装淋浴间注意尺寸问题。**若考虑将旧浴室直接加装淋浴间，要注意空间的跨距宽度最好不要低于80厘米×80厘米或超过100厘米×100厘米，使用时才不会撞到墙面。

Point 14

### 有座椅的淋浴间，该注意什么吗?

**附加下座的淋浴间，有规格限制。**淋浴间设计包括有无下座设计，淋浴间的基座材质多为不锈钢或人造石等，便于清理，但是须注意由于其尺寸多固定为90厘米×90厘米或100厘米×100厘米，要考虑放入浴室空间时会不会产生畸零空间。

Point 15

### 定温龙头和定温热水器哪个好用?

**淋浴间最好配备定温龙头。**传统的沐浴龙头多无温控设置，水温常在水压不足时发生忽冷忽热的现象，为了解决这项困扰，在浴室进行改装时，淋浴间内的出水设备最好选用定温龙头。

利用转角空间来安排浴缸、淋浴间，斜角的动线安排，让浴室空间感觉更宽敞。

Point 16

## 安装按摩浴缸时要注意什么？

**按摩浴缸的选配要注意供水量。**许多人喜欢在家中配置按摩浴缸，但要注意按摩浴缸的周边设备也要一起升级，如热水供应最好使用足够容量的储热式热水器。此外，使用的加压设备必须经过专业评估，也要特别注意按摩浴缸的设计及制造品质。

Point 17

## 浴室不一定要用水泥墙隔间？

**无墙浴室是浴室设计的新趋势。**以往怕潮湿、水气，所以浴室被紧紧关在墙内，但如果房子格局设计好，气流通畅，水气自然干燥，浴室就可以不用墙壁。如果还有担心，试试用玻璃来隔间，你会发现浴室升级变宽敞了。

Point 18

## 可以在家中浴室安装影音设备吗？

**浴室安装影音设备，注意防潮设计。**视听设备进入浴室的概率大幅增加，许多人仍然质疑长期处于潮湿的空间会不会造成电器故障，有人会以真空箱来保护电器，但必须做到确实真空，否则有异物或潮气进入箱内则更难处理。

主卧室内的卫浴空间，采用开放式玻璃隔间，让浴室就像卧房一样是可以久待又放松的地方。

Point 19

## 马桶的价格差好多，该如何挑选？

**挑选马桶以容易清洗为原则。**马桶造型设计可能使污秽物无法顺利冲走，或是因为马桶内后侧的角度倾斜过大，致使每次如厕后会留下痕迹。选购设备前最好先向店家问清楚。

Point 20

## 新马桶装不上去，为什么？

**更换马桶要注意新旧管距的转换。**马桶是最常见的设备更新项目，但须注意旧式马桶管距多为 30 厘米左右，而许多新式欧规的马桶管距仅 10 厘米左右，选购前先询问清楚。还有马桶安装距离，最好是以马桶座为中心预留 70 厘米为佳，避免马桶安装不上，还不容易清理。

Point 21

## 浴室没有窗户，又湿又烦恼？

**加装冷暖风机，改善浴室潮湿状况。**冷暖风机设备因为具有除湿、烘干衣物、暖气及排风等多种功能，价位上比一般传统抽风机要高，在电路的配置上也须重新规划，或是将洗手台移出浴室，也可以减轻潮湿现象。

浴室里装设影音设备，机体本身的防潮设计不能忽视。

冷暖风机具有除湿、烘干衣物、暖气及排风等多种功能，非常切合家中幼儿、长辈冬天沐浴时的需要。

挑选马桶产品除了考虑外观造型，日后的保养维护问题也应先向厂商询问清楚。

Point 22

## 老屋的壁癌有办法处理吗?

**抿石子设计，掩饰墙面壁癌的好帮手。**针对老旧的浴室因为壁癌所造成的痕迹，建议您不妨在防水工程后，利用建材的特色，如抿石子的花色来模糊视觉焦点，掩饰旧有墙面不美观的部分。

Point 23

## 哪些淋浴设施需要大的水压?

**水量以压力控制的设施都需要考虑水压大小。**例如定温龙头、花洒、多段式淋浴柱都需要较大水压的设计。

Point 24

## 什么情况下要加装加压电机?

**水压与水塔和所在楼层的高低落差有关。**水塔（一般位于顶楼）与你所在楼层的高低落差决定了水压大小，楼层越低水压越大，楼层越高水压越小，一般落差在3层楼内，水压都比较小，加装加压电机比较好。

Point 25

## 改好浴室竟然都是黑水泥缝?

**瓷砖壁面填缝收边时要用白水泥。**瓷砖的搭配除了在于瓷砖的花色选择外，设计师另建议贴瓷砖时，处理瓷砖之间填缝的水泥要使用白水泥，而非传统的黑水泥，让瓷砖质感大为提升，或选用专门的填缝剂，还有防霉作用。

利用建材特性，也可以解决环境本身的缺点，如以抿石子来修饰壁癌。

不变更空间格局，运用不同的精致建材，也能发挥修饰空间的美化功能。

亲水空间没有建材使用的限制后，利用自然材质来装点浴室，更能展现空间的纯净美感。

考虑到浴室的潮湿问题，以页岩石来拼贴墙面，创造令人赞叹的自然景致。

# 收纳篇

Point 26

## 小浴室做收纳柜会不会更小?

**台面下方设置收纳柜是最佳选择。**卫浴空间在设计时，多会将收纳设备一起考虑进去，主要是利用台面下方做收纳柜，或者在镜面周围以壁挂方式来安排柜体，如果能够搭配干湿分离的设计，则消除了收纳空间潮湿的疑虑，或是大幅利用大镜面的收纳柜，结合灯光设计，拉长空间。

Point 28

## 除了橱柜设计，还有其他收纳法吗?

**浴室外连接更衣室。**在更衣室中可以完成脱衣、穿衣的动作，浴室内反而不用装太多收纳柜，生活起来很方便。

Point 27

## 如果没有适用的现成收纳柜怎么办?

**利用 10 厘米空间规划收纳柜。**如果浴室并非完美的方正格局，则可利用收纳柜来修饰，由于浴柜通常不需要太深，即使是 10 厘米的浅柜也可以收放瓶瓶罐罐。此外，如柱子旁的畸零空间也是常常被用来设计柜子的地方。

Point 29

## 收纳柜的尺寸和一般柜子一样吗？

**浴室收纳柜应有大小规格之别。**将化妆台的功能纳进浴室空间，则须安排置放化妆品、小物件的收纳柜，并以不同规格设计，如小抽屉、中抽屉、大抽屉，使各种形状、体积的物品各得其所。

面盆、浴柜的设计亦可独立于浴室外，置放于居家的其他空间，增加实用性与美感。

面盆下的浴柜是最佳的收纳处，而抽柜的线条比例，又能为浴室创造另一种视觉美感。

浴柜结合梳妆台功能，要格外留意各种形状、体积的物品的收纳空间，以及浴巾、毛巾的置放位置的便利 、美观 。

随着浴室空间功能的不断增加，对于收纳空间的分类要求也相对提高，增添浴柜设计的华丽质感。

白橡木浴柜搭配珊瑚化石双面盆，一个嵌入台面，另一个则置于浴柜上，增加层次变化。

本案利用圆形面盆结合枫木圆筒柜身，将面盆下的空间做最有效的规划，不论大小空间浴室都很适合应用。

线条利落且富有质感的独立浴柜设计平滑好整理，即使是独立于室内角落也不显得突兀，在居家的使用搭配上更见其灵活性。

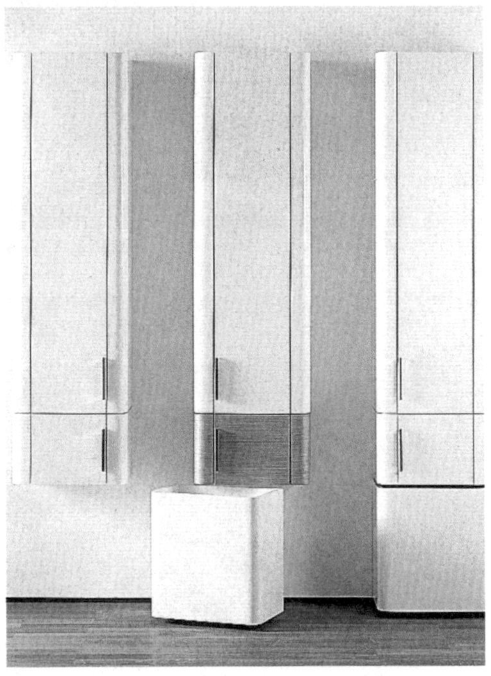

浴室里的收纳柜设计家具化，讲究实用功能，更着眼于柜体在空间中的对应关系。

## 电路篇

Point 30

### 浴室电器需要专用电路吗？

**浴室大型电器需另设专用电路。**浴室内的电器不断增加，如吹风机、按摩浴缸、蒸汽机、冷暖风机等，由于各式设备用品的用电量不一，加上从机器安全的角度考虑，提醒您每一项大型电器都必须使用专用的电源线路，确保使用安全。

Point 31

### 浴室插座需要多留一些吗？

**预留足量插座，满足多种电器使用。**现在家庭可能会将电动刮胡刀、电动牙刷、吹风机，甚至蒸脸器、音响电视、智能马桶等电器置入浴室，因此，在浴室的插座规划上必须多预留几个。

浴室里规划烤箱设备、影音设备等，每一项大型机器都必须使用专用的电源线路，以确保使用安全。

若习惯在浴室里使用相关的美容电器等，应先行安排适当的插座位置、插座数量。

Point 32

### 如何增加浴室用电的安全性？

**浴室用电加装漏电保护器。**所谓的漏电保护器是让电器设备发生微小的漏电时，能够瞬间自动断电，防止人员受到电击，或防止烧毁设备、造成火灾的一种电器安全装置。 在设计上，漏电保护器分为永久固定型和可移动型。以断电的动作原理来分类，它可分为电压型和电流型，一般常用的以电流型为主；若以保护人员与设备来分类，市面上有各式各样的规格可以满足你的需求，比如说浴室墙上的一般插座，你可以把插座的盖板拆下，换上漏电断路式插座，也可以不拆下原来的插座，另外买一个插头式漏电保护器，插在原来的插座上，使用吹风机时，就可直接插在这个插头式漏电保护器上。

蒸气、烤箱、淋浴功能于一体的卫浴设备，另提供灯光疗程，可两人同时使用，欢度快乐的轻松时光。

Point 33

## 如何测试新屋防水工程做得好不好?

**防水测试必须经历一周。**浴室内若未能切实做好防水施工，常常会引起日后产生壁癌或渗水的窘境，而且处理起来相当棘手，因此，最好在墙面做完防水涂层后，在浴室中蓄水，经过一周的测试来确认无误，再继续拼贴瓷砖等工程。

Point 34

## 浴室施工，水漏到楼下了，怎么办?

**防水布 + 防水漆完成严密的防水计划。**防水布施加在浴缸下方，而且在涂刷工程前就要进行；防水漆在基础涂刷完成后，用于壁面及地面。淋浴间防水层涂装最好要全面墙壁都做满，至少不得少于 150 厘米，否则会造成相邻的空间隔间渗漏水。

Point 35

## 浴室地面干得很慢?

**泄水顺畅度，是排水工程的测试重点。**泄水是否顺畅与工程品质有关，可在中间平台的四方规划 15 ~ 20 厘米排水沟，如此脚踏的位置就不会有积水问题，可以保持干爽。

Point 36

## 蟑螂从浴室排水孔跑出来，怎么办?

**逆水阀设计，多功能影响排水速度。**影响排水工程的关键是排水孔上所选用的逆水阀。传统逆水阀排水速度快，但功能简单。具有防虫、防臭、防逆流的多功能逆水阀，却容易因为多一层关卡导致水流速度较慢，此外，另有一种排水时可以直接将水阀拿开，排完再放回去的设计，则不会影响排水速度。

Point 37

## 听说大片瓷砖的泄水比较慢?

**瓷砖选用避免超过 30 厘米 ×30 厘米。**尺寸大的瓷砖视觉上固然清爽、大方。但须注意的是，由于浴室泄水时有一定的坡度设计，因坡度所产生的高低差还是需要以较小块瓷砖的微调来修饰，太大块的瓷砖则容易造成两块瓷砖的黏接点上发生翘起的现象，使泄水困难。

墙面做完防水涂层后，在浴室中蓄水经过一周的测试来确认无误，才能再继续进行其他工程。

小尺寸的瓷砖，如马赛克砖，非常适用于边角的修饰，而且更添趣味。

Point 38

## 浴室的灯光也有讲究吗?

**不同光源各具效果。**浴室光源可分为直接照明与间接照明，直接照明指的是镜面上用来仔细观看的光源，或者是马桶侧边距离膝盖 10~20 厘米的阅读用灯。间接照明指的是一般光源，通常不强调亮度，同时兼具装饰效果。浴室有水汽，灯具最好让灯泡不外露，有隔水汽的玻璃罩灯更好。

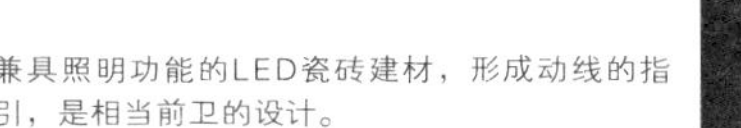

兼具照明功能的LED瓷砖建材，形成动线的指引，是相当前卫的设计。

Point 39

## 风格与灯光安排有关系吗?

**浴室灯光要根据功能来分段。**间接照明的功能是打亮空间，色温选在 2000 ~ 3000 K 之间，带点黄色，每种风格都适合使用，如果色温高过 3000 K，碰到亮面砖就会觉得刺眼。古典风格就要注意侧边照明。

浴室照明也具有装饰效果，能为风格塑造加分。

## 安全篇

Point 40

### 浴室内要如何紧急呼救?

**电话设备及紧急呼救，增加安全性。**浴室加装电话都有其必要性，如此可以避免家中仅有自己一个人，刚好又置身于浴室时遇到有人来电无法接听的状况。急难或病痛时也可随手用电话与外界联系，通常电话安排在马桶附近。

Point 41

### 怎样可以快速有效地保障安全?

**加装安全扶手确保人身安全。**人们对于居家的安全意识逐渐提高，如何通过设计手法来降低浴室的潮湿度、减少人身意外滑倒的概率?选用防滑建材、在浴室墙边与浴缸旁加装安全扶手等，都是必要的设计细节。

Point 42

### 我家有长辈，浴室要怎么设计才安全?

**门槛高度、开门方向都是关键。**无障碍设计是用泄水排取代门槛，淋浴间门片要有 90 厘米宽（轮椅进出）、外开式设计（方便打开救援），整间浴间要达到 150 厘米，马桶高度在 38 ~ 45 厘米，面盆高度 72 ~ 80 厘米。

无障碍设计运用在浴室空间，一定要取消门槛，才能让动线不受阻碍，同时门口也要规划止水设计。

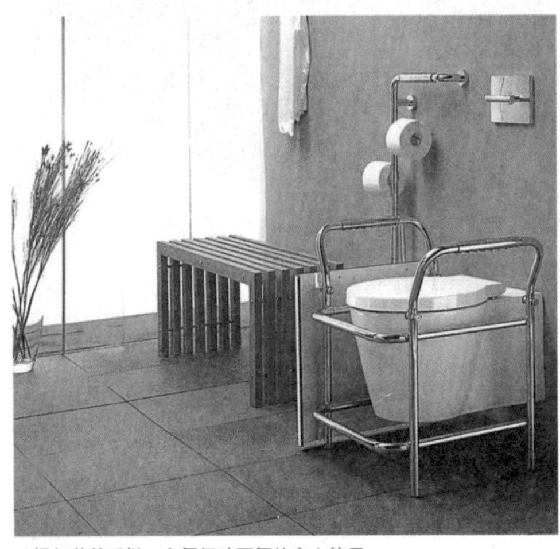

马桶加装护手栏，方便行动不便的家人使用。

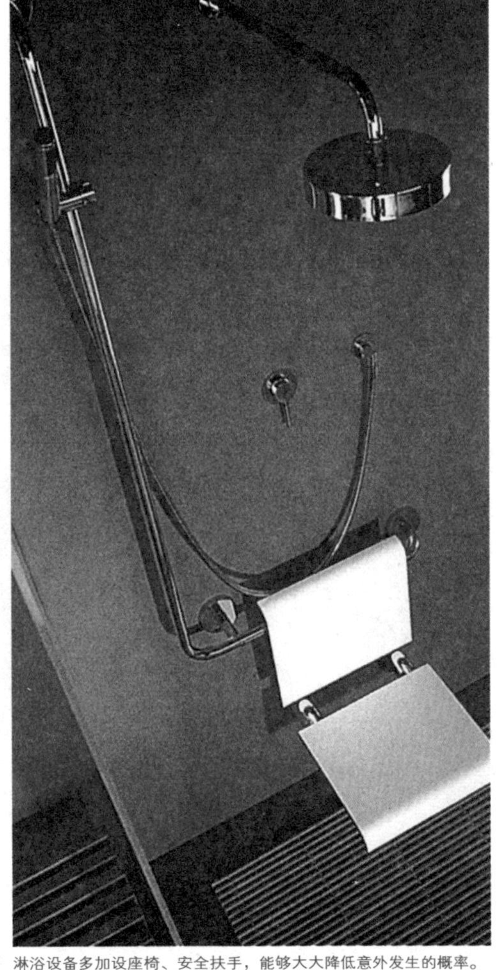

淋浴设备多加设座椅、安全扶手，能够大大降低意外发生的概率。

## 风格篇

Point 43

### 想有个室内温泉，但担心放水要很久？

**温泉需水量大，不妨加大给水口径。**随着温泉文化热潮的持续，很多人考虑到隐私与卫生问题，因而更希望家中也有专属的私人温泉，这时就需特别考虑给水及排水问题，且由于温泉的需水量相当大，因此最好将给水口径加大，以免蓄水时花掉太多时间。

Point 44

### 浴室龙头常常锈掉？

**慎选五金建材，注意防腐蚀问题。**一般真止使用硫黄泉的温泉，在龙头或其他五金部分需要注意防硫黄腐蚀的问题，可以直接询问卫浴厂商来了解自己选用五金的电镀防变质效果，或是采用钢制、烤漆材质的五金设备。

通过嵌楼梯的设计来制造降板浴池的视觉效果，注意阶梯的高度、阶数，以免造成危险。

小浴室也能规划私人温泉吗？以不同的瓷砖拼贴方式，铺砌浴池、墙面，辅以明亮的窗光引渡，自然气息缓缓流露。

Point 45

### 室内温泉设计要注意哪些重点？

**通风与景观效果，提高温泉舒适度。**日式汤屋还会增加刷背的座区，若是空间条件允许，也可仿照专业汤池设计安排花草浴、药浴等，提醒您要格外注意通风，以及视觉上的景观设计，让泡温泉浴的人更能沉浸在放松氛围中。

Point 46

### 普通浴室，可以做降板浴缸吗？

**降板浴池设计需考虑楼板空间条件。**许多人喜欢将浴池作降板设计，但是必须考虑浴室地面空间的条件，若是无法让楼下的天花板做下降处理，则可以采取垫高地板或者阶梯式设计，创造降板的错觉，但以 10 厘米左右阶梯为限。

若空间条件允许，设计降板浴池会让人有沐浴在大自然中的感觉。

Point 47

## 浴室和公共空间的风格一定要一样吗?

**延续居家风格作为卫浴设计主题。**现代空间浴室以简洁的线条为宜，而新古典空间则采用华丽而婉约的建材与色彩配置，让浴室成为居家生活场景的延续。

Point 48

## 颜色和风格之间有何关联?

**风格与色彩的配置原则。**提到空间的装饰，最明显的就是色彩的规划。一般而言，深色多展现东方禅意，具有神秘、极简的特点，浅色则多体现休闲、复古、浪漫清爽的主题。此外，雾面瓷砖较具休闲感，亮面瓷砖则是表现华丽与时尚感。

Point 49

## 如何将浴室变中国风?

**新东方卫浴空间，居家艺术殿堂。**以古董配件，如古玉、窗花等东方元素为装饰，搭配如地中海的蓝白色调，营造出温润却不沉闷的新东方风格空间，让卫浴空间也能美得像艺术品一样。

Point 50

## 把小浴室“变大”的最简单方法?

**粗犷建材质感，诠释浴室新视觉。**设计师利用页岩石拼贴的手法，在浴室一侧规划出一片休憩空间与盥洗的台面，同时运用镜面营造出浪漫梦幻的空间感，也营造出舒畅轻松的自然氛围。

以古董配件为装饰元素，搭配如地中海的蓝白色调，打造出温润却不沉闷的新东方风格空间。

干湿分离的浴室设计，洗手台面区以红砖结合特色浴柜的设计，让洗手槽区成为来往动线的风景。

将洗手台区独立安置于楼梯下方的畸零空间，运用瓷砖拼贴手法及镜面的延伸效果，成为过往途中的视觉焦点。

# PART 8
# 浴室改造问题

LUX

# 浴室改造问题

这样改装安全又专业｜浴室装修高手经验法则秘技传授

你是否不满意承建商提供的卫浴设备？或想改动隔间配置？只要牵涉到水线管路，就免不了大兴土木，卫浴空间有满坑满谷的问题等待解决。资深室内设计师提供50个要诀，让你轻松掌握浴室翻修的各种情况。

## 浴室选材注意事项

Point 01

### 别人有我也应该要有？

由于浴室的功能性大过装饰性，在与设计师沟通时，记得先详细列出使用上的需求，例如要干湿分离、收纳柜体、按摩浴缸、智能马桶、高架层板等，在每项需求写出后反问自己要此项的原因，千万别因为看到别人有就跟着做，要使每个设计都符合自己的生活习惯。

Point 02

### 如何选择浴室五金配件？

浴室内可不只浴缸、马桶、面盆，还有许多重要配件如龙头、淋浴柱、花洒、灯具等，这些物件直接影响到业主使用上的舒适度，例如要避免冷天出冷水，就该选择有恒温控制的龙头；喜欢从天而下的淋浴感觉，可选择花洒；想要强力水柱冲洗，淋浴柱是不错选择。

Point 03

### 浴室墙面材质如何选择？

浴室内通常会铺设大量瓷砖，如果想再玩点特殊风格，选择不同的砖来搭配，会比在浴室中加装饰品来的有效，金属砖、马赛克砖、岩片砖等有上千种选择，建议业主先做功课，弄清楚自家风格的定位，再与设计师商量选择适合的瓷砖搭配，会事半功倍。

Point 04

### 洗手台的设计该注意什么？

洗手台若有更动，首先应考虑的不是材质，而是使用者高度，小朋友使用是否方便？高挑者是否需要弯腰驼背？细心的设计师会询问家中成员身高，或要求业主一家人先到卫浴展示中心试用，再决定台面的高度与深度。

Point 05

## 浴室该如何又引光又遮蔽?

浴室如果有窗，但是景观不佳，简单的百叶窗遮蔽是最省预算的选择。但百叶窗金属部分长期受潮后会腐蚀变色，属于消耗品，预算允许的条件下不妨在窗面改装半透明材质，例如毛玻璃、水晶透明砖、喷砂玻璃、雾面胶合玻璃等，可有较长的使用寿命，兼具透光特性与遮掩窗景的效果。

Point 06

## 卫浴施工时被弄脏或损坏怎么办?

若旧屋翻新，没有变更马桶，通常业主会同意施工人员使用；但新屋使用全新设备，若任由工程人员使用，可能会产生损坏与弄脏变旧的争议，设计公司可在现场加装临时马桶提供工作人员使用，这部分业主与设计师必须协调清楚。

# 卫浴基础工程注意事项

Point 07

## 改造浴室该变动管线吗?

浴室中最麻烦的就是水线迁移，一般来说新房因为设计符合现代需求，变动的可能性小，二手房因管线老旧问题，几乎都需要全部重新配管，若加上移动马桶浴缸位置，拉水线加上垫高地板，费用肯定会大幅增加，一旦动工开凿，就没有更改的机会，只能一路更新做下去，在动工前务必与设计师再三确认预算问题。

Point 08

## 封管时是否一定要到场监工?

若需打墙重新接管，在涂刷师父进场准备封管封墙之前，务必请监工或业主到场，亲自测试水线管路，确认管路是否通畅，有问题可及早处理。此举是防止一旦封起后发现水管堵塞，又必须拆墙，白白浪费时间与金钱。

Point 09

## 浴室天花板该注意什么问题?

浴室如果有做天花板，肯定要用防水材料，杉木是不错的选择，涂上防水防霉的漆料则是基本要求，有些业主会要求在浴室天花板上加装线板，这时要选择更高标准的防水漆，因线板会有凹凸造型，容易产生湿气持续累积的现象，若没有优良的防水涂料，对木作材质伤害很大，可能没用多久就开始老化弯曲。

Point 10

## 浴室水压不够怎么办?

如果居住在高层，浴室内又有按摩浴缸等需要强力出水的设备，很可能产生水压不够的问题，由于卫浴设备选择通常在施工前，甚至设计之前，因此要主动告知设计师自己所选择的卫浴配备，来决定是否该预留空间加装电机。

Point 11

## 浴室防水工程怎么做?

浴室最重要的防水工程，最少要做到1.5米，若是淋浴间或紧邻浴缸墙面，防水层应直接做到顶端，此阶段细部工法关系到未来防漏问题，建议最少涂二到三层的防水漆，宁愿成本高一些，也好过日后抓漏维修的问题产生。

# 卫浴基础工程注意事项

Point 12

## 浴室打孔打洞该注意什么?

浴缸附近是空间中水汽最多的区域，相连墙面上或底部附近，谨记让各种孔洞尽量远离此区域，例如电路孔或接水孔，以防止墙面遭水汽从内部侵蚀。若必须在浴缸紧邻的壁面穿孔装设毛巾架、置物架，则更要求孔洞周围防水措施的精密度。

Point 13

## 浴室电力该注意什么?

智能马桶、干燥机、超声波按摩浴缸等设备，都需要强大电力，若是老屋翻修，很可能原本的配线与输出功率不够，需要从总电源处重新牵线到浴室内，新屋偶尔也需要加装电路，记得在墙上适当的位置留孔加装插座，或直接将设备线路与壁面管线连接。

Point 14

## 浴室灯具该如何选择?

浴室用灯与室内不同，需要专门防潮的灯具，且尽量避免裸露在外，能以灯罩加盖最妥当，室内常见的嵌灯、投射灯等不建议用到浴室做间接照明，尤其是由下往上投射的方式，更会造成水汽累积，增加损坏概率。

Point 15

## 可拆式台面的好处是什么?

面盆、浴缸的龙头若是深埋在台面中，建议在设计时将该区台面做成可拆卸式，不论是更换内圈的小五金配件，或是整个龙头换新，都能大幅节省时间与成本，只要将该部位拿下更换即可，不用再请人来重打台面。

Point 16

## 浴室木工部分该注意什么?

浴室内木制柜体尽量减到最少，符合基本收纳功能即可，若洗脸盆台面下方就是木柜，台面边缘下必须挖出防水沟槽，让水滴不会沿着台面流到木柜上，同时柜体不落地，避免地面累积的湿气直接侵入，这样能够大幅增加使用年限。

Point 17

## 拼贴瓷砖该注意什么?

浴室难免有柱或突出的转角，选好瓷砖后记得丈量尺寸，将预计贴在转角或梁柱突出部位的瓷砖送到专门的工厂，做角边打磨的修饰，可避免瓷砖锐利部位伤人；现场贴好瓷砖后再打磨的效果会很差，因为空间小，伸展不易，要花更多功夫，且浪费人力与时间。

Point 18

## 浴室瓷砖如何选用?

瓷砖跟壁纸一样需要对花，一间浴室中尽量选择同系列瓷砖，或至少大小、尺寸倍数相同，例如 5 厘米小砖可搭配 10 厘米、20 厘米的大面砖，原则就在于地砖与壁砖的接缝处要对齐，才能看出整体的美感，这部分牵涉到手工贴砖与留缝的技巧，且贴上后重新拆除更是需要一大笔费用，必须要慎重对待。

## 视听设备安装细节

Point 19

### 浴室安装电器该注意哪些事项?

娱乐功用电器在卫浴空间中越来越普遍，大家都知道电器防水措施要做到完美。反过来说，防水密合之后所产生的电器散热问题却容易被忽略。要如何开孔散热，又兼顾防水，或是选择已经将娱乐器材装置好的设备，考验着设计师的功力。

Point 20

### 浴室安装音响该注意什么?

若想在浴室中安装音响设备，首先要注意尽量别用吊挂式，外露金属设备很容易因水汽表面受潮而变色，上等的木质音箱对水汽更是敏感，建议采用内嵌式装在墙面中，表层并加防水处理。第二是装设位置最好在水汽稀少处，例如干湿分离的隔间外，或臭味分离的马桶区，浴缸与面盆上方这两个水汽多的位置最好避开。

Point 21

### 触控面板如何防止水汽入侵?

视听娱乐设备通常有很多遥控器，最简单省钱的防潮方式就是用保鲜膜层层包裹，或用塑胶袋包住后以热风吹紧，但记得要时常更换，才能保持最佳使用状态；若有触碰式控制面板，安装在墙面上或浴缸旁的石材台面中，则须注意四周密封，装于平面最好有斜度可防积水。

## 完工验收诀窍

Point 22

### 验收时如何测试马桶?

卫浴设备安装前请务必要工程单位帮忙测试，纯粹接上水管看是否排水顺畅。马桶安装后的验收非常简单，先闻，看有无异味；再丢，将一张卫生纸丢入然后冲水，从卷动速度与角度判断是否水压足够，若连一张卫生纸都冲不下去，肯定有问题。

Point 23

### 如何验收浴室的排水功能?

浴缸、面盆这两项，验收时记得将龙头开到中量，花点时间放满水，记录放满水时间，然后排水。除了观察有无漏水之外，更重要的是看排水速度，一般来讲排水速度应该要比放水快，若排水速度明显过慢，就要检查排水管中是否有堵塞或是其他问题。

Point 24

### 验收时注意什么?

干湿分离的淋浴间，验收时要注意以排水为第一优先，将水开中量对地板冲，过5~10分钟（一般淋浴所花费时间）再来看排水是否顺畅，有无积水，或甚至溢流到外，检查完都无问题，将门打开隔天再来一次，看看地上水渍是否已干，依此判断排水斜面是否平整。

Point 25

### 验收时该注意哪些事项?

除了设备检查，浴室地面与墙面也不可遗漏，主要是看瓷砖有无破裂，记得花点时间抬头往上看，别遗漏上方的壁砖；另外，马桶、独立面盆、浴缸等设备与地面连接处更要仔细检查，除了破裂外，若发现小缝细孔洞，都要立即指出，可趁早解决问题。

# 卫浴设备选择

Point 26

## 选择卫浴设备时该注意哪些事项?

卫浴设备与普通家具不同，大多数需要安装并镶嵌，或需涂刷封管防漏，因此在居家配备挑选时务必以卫浴为优先，在进场施工前完成采买，决定尺寸大小与周边功能，方便设计师与工组沟通配合，必要时甚至可修改平面图配合新购入设备；若工程即将进行到浴室空间，设备却还没决定，可以选择暂停或先做其他空间，减少误差和风险。

Point 27

## 变换风格时该注意哪些事项?

承建商通常提供的材质都属现代简约风格的花砖或纯白砖，若想打造自然、温馨风格的浴室空间，建议可换成海贝石、板岩、软石、抿石子等，搭配柚木或杉木，全自然材质加上大片景观窗，浴室就像温泉会馆一样舒适漂亮。另外谨记在客户变更阶段前就必须与设计师联系，决定用料，才能将用不到的建材退回承建商，多少补贴回一些成本。

Point 28

## 为了节省空间，退掉浴缸对吗?

常见到年轻业主购买新房时将浴缸退掉，卫浴空间中只有淋浴间，事后却又后悔，重新加装不但浪费工钱，更增加时间成本，还会把家里弄脏弄乱，非常不划算。建议如准备长期居住或家中有小孩、老人，还是选用浴缸，会比较方便与安全。

Point 29

## 马桶与小便斗安装时要考虑什么?

若浴室中有装小便斗，建议选择加盖型，可避免味道飘散，同时须注意一般家用小便斗的冲水量通常不大，若非经常性清理，可向厂商询问有否冲水量较大的型号；对声音敏感或喜欢安静的业主，马桶也可改成缓降型坐垫与顶盖，大幅减少撞击声音。

Point 30

## 如何选择马桶?

马桶选择上除了外观与功能，抗污持久性也要考虑进去，有些抗污材质夸张到只能用抹布擦洗，根本不实用，记得与厂商确认能否用普通马桶刷长期清理，还是有专用清理器具，若是釉面抗污，可在展示间伸手去触摸，了解抗污面包覆到马桶内外侧多少面积，实品到货后也应拆开重新检验。

Point 31

## 选择卫浴设备时如何节省空间?

想节省室内空间，增加卫浴功能，则可把化妆台与洗手台功能合一，两者同样都需要水，也需要镜面，使用同样空间显得理所当然，只要记得在台面下预留座椅空间，让女主人能轻松坐在台前优雅的卸妆，而不用弯腰驼背，这样的设计可在镜面周围搭配软性防潮，营造出专属个人使用的空间感。

Point 32

## 浴室砖材如何选择?

在意浴室风格的业主，一定要跟设计师确认浴室用砖的材质，细小马赛克拼贴能打造强烈艺术质感，但有明显且不规则缝细，一般来说注重情感氛围的业主接受度较高。反过来说，大面砖简单利落，对花对缝即可轻松完成，适用于讲求理性的业主。

## 浴室开窗问题

Point 33

### 浴室是否一定要开窗?

浴室是家中水汽最多的空间，如果家中人口多，又没有对外窗口，通风会很困难，长期使用后容易产生霉味，充满湿气的环境也让家人即使刷牙、洗脸都觉得不舒服，如果原本属于没有窗户的暗间，设计时要优先考虑开窗问题。

Point 34

### 浴室光线如何引进?

若浴室本身是无窗暗间，对外墙面又无法变动，可尝试在对内走道的壁面上做固定式气窗，对于通风干燥有很大帮助。若希望采光，可以打通壁面，以喷砂玻璃或玻璃砖等透光不透明的材质，将室内光线引入浴室，同时达到强烈的壁面装饰效果。

Point 35

### 浴缸应该怎么摆?

现代人泡澡已不单只为清洗，开始讲究放松，若浴室窗外有好景，强烈建议把浴缸设置在窗边，在预算许可的前提下，把窗面扩大，底部拉到与浴缸台面同等的高度，边泡澡边看景的放松效果将成倍增加。

## 施工安装注意事项

Point 36

### 浴室改窗可以拆除隔间墙吗?

浴室隔间墙后可能隐藏着水管、电路，也有可能是不可拆除的剪力墙，拆墙前必须对照竣工图进行确认，后方是否为管道间？会不会产生位移？有没有可能拆到电线、水管？甚至会不会触电等情况，业主务必再三确认后再进行拆墙动作。

Point 37

### 进口设备该请代理商安装吗?

国外进口设备通常有新潮的设计与时尚外观，近年来颇受国内消费者喜爱，从德国、意大利、美国、西班牙到日本的设备都有，但由于尺寸规格、电压标准与国内不尽相同，最好请该厂商的技术人员来进行安装，动辄上万元的整套设备，也建议业主亲自到场，有问题立刻处理，将产生责任纠纷的可能性降到最低。

Point 38

### 浴室改装马桶可以移位吗?

浴缸、面盆在浴室中只需要注意排水功能，马桶则由于管线宽大，若变更位置，势必要垫高地板，让新马桶管线呈斜坡状与原来粪管相连，安全的变动距离在原始位置周围 1.5 米左右，过远的话倾斜角度要提高，地板势必要垫更高，可能造成天花板与地板距离过近而产生压迫感。

Point 39

### 安装抽风机时该注意哪些事项?

若浴室有装抽风机，机具连接的软管在通往管道间周围务必完整包覆，最好的方式是在墙面上装硬管，刚好能套入软管，再以金属夹封；而楼下有餐厅的大楼，更必须注意鼠患，在软管通过管道间墙面入口加装铁丝网，防止老鼠从缝隙爬入。

Point 40

### 浴室该用大片砖还是小片砖?

浴室空间若较小，通常设计师会建议业主不要选择太大片的砖材，第一在视觉上无法发挥画龙点睛的效用，反而可能形成拥挤感；第二是大片建材势必切割才能适用在小空间，转角越多，切割越复杂，不仅增加工时，同时切割下来的耗材通常无法再使用，变成废料且增加成本。

## 施工安装注意事项

Point 41

### 浴室只能贴瓷砖吗?

由于牵涉到水电与各类设备，浴室与厨房并列居家两大高预算区域，想要省预算，可以考虑浴室不贴瓷砖，纯以油漆来做装饰，只要记得做好防水，漆面可长久保持，更能省下20%左右的预算。

Point 42

### 浴室产生杂音怎么办?

相信许多人都有睡觉时候听到水流杂音的经验，一天或许无妨，一年365天就会造成困扰，这是因为浴室中经常使用到热水，有冷热差与高低压力差，进而造成水线管道发出杂音，这问题经常发生在老房子中，解决方式就是打墙重拉水线，还应完全避开卧室墙面。

Point 43

### 我的浴室为什么有异味?

老房子由于管线设计不同，在改造浴室时，请设计师特别注意"五孔"：马桶、面盆、地板、浴室、淋浴间这五处的排水孔，是否有异味飘入?下方有无存水弯隔绝气体?尤其在更换管线之后，更要多次到场确认，以免日后气味从管线渗入，造成浴室臭气冲天的局面。

Point 44

### 浴室排水口该如何设计?

地面上的排水口务必事先定位，考虑到美观与实际效用，请尽量选在边角区，也方便进行施工；如果发现排水口在面盆前正下方，也请立刻更改位置，试想你一早起床刷牙洗脸，发现必须站在排水口正上方，感觉肯定不好。

## 卫浴安全考虑

Point 45

### 浴室的门如何设计?

通常干湿分离的淋浴间，有轨道型左右滑开拉门与旋转型推拉门两种。轨道型拉门要注意底部轨道高度，是否足以阻挡水流外泄，或是轨道过低容易积水产生脏污；旋转型推拉门则尽量设计成可双面开或外拉式，外拉式设计把门的旋转空间放到淋浴间外，不会压缩到使用者空间，才是人性化的设计，同时也兼顾安全效果，万一使用者在淋浴间内出现不适症状，外拉的门才能最快将人救出。

Point 46

### 浴室管线该注意的事项?

新购买马桶管线的宽度是否与旧有接孔相同?美规、欧规各有不同直径，落地式马桶必须注意规格是否相符合，若规格不符合，则必须迁就管距而拉长线路，马桶会离开原始位置往前移动，这时后背的水箱就可能悬空，必须增加壁面厚度解决此状况。

Point 47

### 浴室该如何防滑?

浴室多水汽，最担心就是不小心滑倒受伤，市面上有多种止滑垫可选购，也可请设计师以局部马赛克瓷砖拼贴方式，既有艺术图案，小碎砖之间的高低差也具有止滑效果。若还是不放心，可铺设环氧树脂地板，保证易清理又防滑。

Point 48

### 浴室适合铺设木质地板吗?

若想要自然风格浴室，又担心地面太硬可能会滑倒受伤，在浴室中铺设木地板是个能同时解决两项问题的好方法，只是木材选择要正确，尽量以多油脂的材质，例如油樟木、铁木等，再经过防水处理，可将意外滑倒的概率降到最低。

# 浴室风格化处理

Point 49

## 如何软化浴室空间的冰冷感？

除了将瓷砖改成其他材质外，增加植栽也是软化浴室冰冷感不错的选择。若有大面积落地窗，配合阔叶型植物是绝佳选择；若空间不大，可选择在洗手台上放小盆栽或用吊挂方式放置不怕潮湿的绿色植物；若想省去照顾真花草的麻烦，也可请设计师将花草图案以油漆或拼贴的方式在墙面上创作，达到柔化冰冷空间的效果。

Point 50

## 如何丰富浴室的单调风格？

喜欢尝试不同风格的业主，可请设计师在浴室分离区块内做不同的布置，例如淋浴间水汽弥漫，适合贴壁砖，用素色砖打底，彩色花砖加上腰带来装点；马桶区只有马桶，加上隔间分离，水汽最少，不论用油漆、木饰板，甚至挂家饰品、画作都适宜，有看书习惯还可在墙面上加装吊挂书架。

# PART 9 浴室改造设计

# 浴室改造设计

专家改造老旧卫浴神奇变身术

## 改造设计实例一　阳台内缩变浴室
## 无墙设计的山海景致浴室

用来作为私人招待所的度假住宅，阳台拥有面临优美外部景观的优势，将浴室挪移至此，面向窗外的浴缸、躺椅，温暖的木地板、自然的石头营造出亲近自然的休闲沐浴氛围。

改造后

将阳台往内退，扩展成为开放浴室，淋浴、泡澡全部移至此处，在自然美景的陪伴下，感受放松惬意的度假氛围。

**空间状况** 房子原本无任何隔间，浴室位于大门入口右侧，两个阳台皆可眺望室外美景。

**业主需求** 企业家业主打算将这间房子提供给好友们使用，主要作为私人招待所。

改造前

## 改造重点 1
### 阳台内缩 拥抱山海的泡澡时光

房子周围的地理环境条件极佳，阳台看出去便是海，因此设计团队希望营造一个亲近自然的轻松氛围，让每个来度假的友人皆能奔向海洋的怀抱。于是，空间格局做了大幅的调整，原位于玄关右侧的浴室回归简单的如厕功能，同时将两个阳台向室内扩展，一边规划为淋浴、泡澡浴室，另一侧则规划为休憩区。

小诀窍

浴缸、躺椅特别采取面对户外的方式设计，当卧躺浴缸时，就能看见远方的观音山和海景，仿佛欣赏到巴厘岛海天一线的景致。

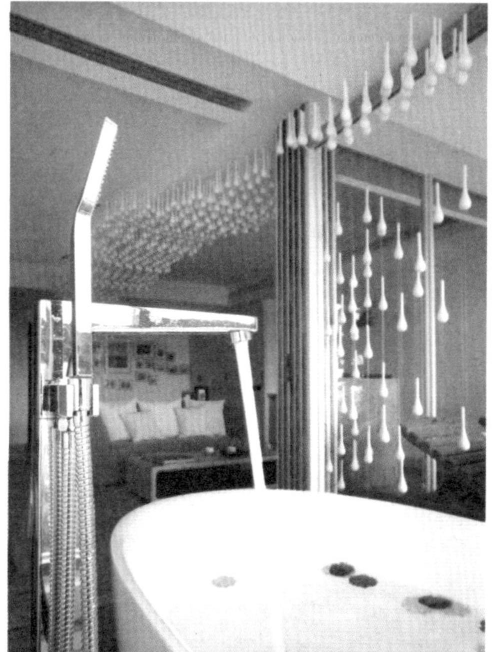

## 改造重点 2
### 水滴装置艺术、石头漆 制造大自然气氛

以亲近大自然为主题的景观浴室，自玄关延伸至浴室所悬挂的水滴造型物件，仿佛装置艺术般隐喻着屋外的海水意象，实则也是为了修饰横亘的大梁。另外，景观浴室选择拉门为隔间，平常开启享受美好的窗外景致，浴室壁面特意选用石头漆刷饰，有别于铺贴瓷砖，石头漆面更能呈现干净舒服的视觉效果，地面则铺设南方松炭化木，温暖舒适的氛围，缓和人们的度假心情。

小诀窍

景观浴室的设计重点

1. 炭化木地板经过高温热处理，比起一般南方松地板具有更强的防潮抗腐特性，且不易变形，使用寿命更长。
2. 浴室与休憩区之间加设卷帘，保证适度的私密性，也让空间具有穿透感。

小诀窍

浴室翻修的重点规划

1. 热水管线建议加装隔温保温套，可避免长时间因放热水，造成地面导热升温的现象。
2. 马桶如有移位，地面至少架高 30 厘米才能埋设管线，不过此案因并未挪移马桶设备，因此架高高度仅为 12 厘米。
3. 浴室防水层建议拉高至 250 厘米处，并在防水层施工后进行测试。另外，浴室四周墙角和地面衔接处最好使用玻璃纤维网和弹性水泥，当遇到地震时墙面有韧性，也能避免水汽渗透壁面。

# 改造设计实例二　双动线透亮玻璃浴室

## 玻璃拉门双动线　打造精致透亮浴室

原本无任何采光的主卧室卫浴，利用两道清玻璃作为浴室两侧通道，成功引进光线，加上白色明亮的材质、灯光安排，让阴暗卫浴变得明亮、通透。

改造后

透过玻璃拉门获得舒适采光，在不同层次的白色石材与温润木色烘托之下，主卧室卫浴散发纯净质感。

**空间状况** 位于淡水河畔的住宅虽然有两面采光，然而其中主卧浴室还是存在不能采光的问题。

**业主需求** 追求生活品质的业主，对细节、材质十分讲究，希望浴室能拥有五星级酒店般的氛围与质感。

## 改造重点 1

### 清玻璃拉门引入光线 提高浴室明亮度

主卧室浴室原本被切割成两个空间，一边是梳妆区，一边则是沐浴盥洗区，加上空间本身呈斜长形结构，因此感觉整体十分狭窄，又因缺乏自然采光，显得非常阴暗，设计师利用两道清玻璃作为浴室两侧通道，右侧玻璃拉门可透过大面落地窗光线，让浴室明亮度大为提升。

**小诀窍**

玻璃拉门设计重点

清玻璃门框特别采用铁件烤漆的制作手法，简化门框线条，呈现精致、轻巧的质感。

## 改造重点 2

### 纯净白配温暖木色 展现精致质感

整体住宅空间色系没有强烈的明暗对比，仅使用了纯净的白色与温暖的橡木色，因此主卧室卫浴以银狐马赛克大理石铺设地面与墙面，台面搭配石材作为延展，不同的白拥有不同的层次，同时这里的白也隐藏些许华丽细腻的质感，另一方面，在灯光配置上则选择卤素冷光，避免空间过白。

## 改造重点 3

### 长形台面、镜框延伸 舒服宽敞的空间

不规则的长形浴室，取消原始隔间墙，整个浴室利用长台面、镜框的延伸，让视线不受阻碍向前进，自然有放大空间的效果，而长台面与墙面规划长形收纳柜，收纳女主人保养、彩妆用品，同时兼有梳妆功能。

**小诀窍**

浴室翻修的重点规划

1. 由于设备位置经过调整，排水管线必须重新配置，另外马桶位置的地面也应适当垫高。
2. 浴室与主卧室地面制造些许高低落差，避免水汽影响卧室。

## 改造设计实例三　透明隔间玻璃浴室
## 玻璃浴室延续纯净北极风格

将浴室墙面拆除，以透明玻璃隔间取代，让空间显得更加开阔，并运用白色亮面马赛克瓷砖铺陈地面与墙面，搭配闪烁绿光的毛巾杆，延续睡寝区的北极风格。

**空间状况** 房龄 15 年左右的二手房，主卧卫浴空间很狭小，收纳空间也明显不足，因此很多沐浴、盥洗用品都只能堆放在洗手台和浴缸旁边，让浴室看起来很凌乱。

**业主需求** 希望主卧浴室能变大，也偏好干净利落的设计，同时能接受大胆又创新的空间概念。

改造前

改造重点 1

## 透明漂浮浴室 制造放大空间的效果

舍弃传统浴室的隔间方式，主卧卫浴大胆以清玻璃作为区隔，加上向室内争取了部分面积，让浴室空间宽敞许多。除此之外，因马桶移位所产生的架高部分搭配镜面材质贴饰，而浴室面材也特意挑选四角亮面的马赛克瓷砖，两者相辅之下，借助灯光反射制造放大空间的视觉效果。

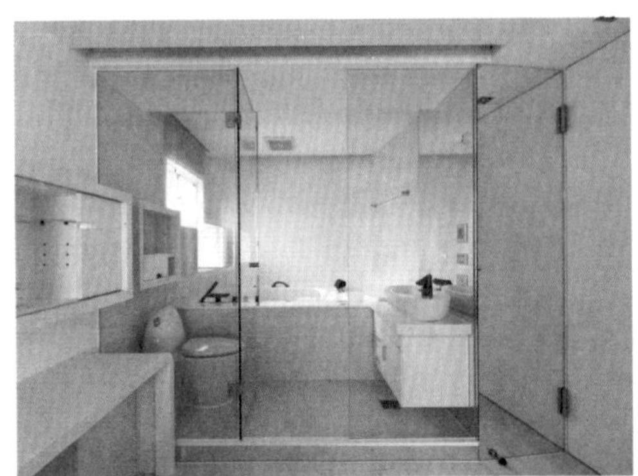

**小诀窍**

透明浴室的重点提醒

天花板内预先规划电动卷帘，可直接遥控，使用上更方便，预算充足者也可直接选用电浆玻璃作为隔间，一个开关就能将玻璃变成非透明状态。

改造重点 2

## 延伸北极冷调的自由风格

开放浴室必须考虑整体风格的一致性，卧室中为业主创造的自由风格，以冷色调北极情境为主题，因此浴室也延续相同概念，选用纯净的白色马赛克瓷砖拼贴地面、墙面，自由线条的延伸也是设计的关键，由床座衍生的曲线线条连续发展成为梳妆区壁柜、浴室收纳柜，甚至蛋型马桶线条也呼应着曲线概念。最特别的是发光毛巾杆，对应壁柜所透出的蓝色 LED 光，到了夜晚泡澡沐浴时更能感受寂静神秘的北极氛围。

**小诀窍**

开放浴室收纳重点提醒

自梳妆壁柜延伸至屋内的吊柜，下方预留缝隙，能轻松抽取卫生纸，而正面部分运用上掀盖设计，方便替换。

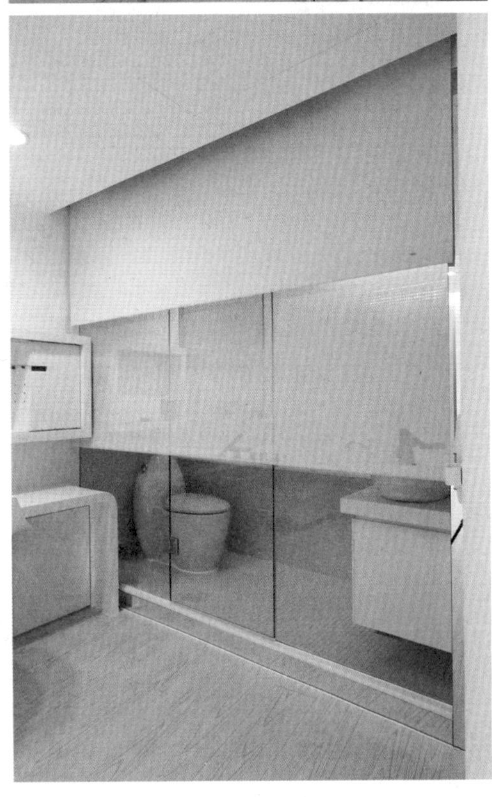

**小诀窍**

浴室翻修的重点规划必知

1. 浴室水龙头选用铁件烤漆材质，避免镀钛材质被氧化。
2. 浴室马桶设备只要有移位，哪怕只有 10 厘米的距离，地面也都需做架高处理。
3. 在安装按摩浴缸时，别忘了留下维修孔，从最可能进行维修的地方开口，方便日后的维护。
4. 每件按摩浴缸都有异常操作的自动断电模式，当回水口吸入异物，或无水启动按摩功能时，电机都会自动停止运转。
5. 选购按摩浴缸除了要注意备有专用电路及漏电保护器外，最应考虑的就是浴室的实际空间尺寸。

# 改造设计实例四　渐进式动线浴室
## 渐进式动线　打造自然时尚浴池

10年屋龄的老房子进行翻修，采取渐进式动线规划之后，浴室因获得对外窗而更加通风，空间也因此享有完善的干湿分离设计，搭配板岩砖、大理石材质与三段式光源安排，呈现有如精品旅馆般的时尚质感。

经过格局的重新规划后，小浴室空间变大，也与更衣室动线串联，使用更为便利舒适。

**空间状况** 10年的老房子位于公寓一楼，采光条件不佳，浴室没有对外窗，阴暗又狭小，而后阳台却藏了半套洗手间。

**业主需求** 希望使用频率较高的主卧室能拥有良好的通风条件，以及完备的淋浴和泡澡功能。

## 改造重点 1

## 重新调整动线 主卧浴室多了对外窗

原始浴室是一个完全密闭的空间，而躲在后阳台的半套洗手间却拥有对外窗，于是设计师大幅度调整格局动线，拆除半套洗手间并占用一些后阳台空间，重新扩增出主卧室卫浴，并与更衣间、梳妆区采取渐进式动线设计，先在更衣区拿取换洗衣物，接着就能进入浴室盥洗，使用上更为流畅便利。

小诀窍

浴室移位的重点提醒

老房子管线迁移若超过 100 厘米必须增加泄水坡高度，影响空间高度，因此针对这间浴室改造，设计师利用更衣间前身为旧卫浴的条件，让主卧卫浴、客用卫浴与管道间的距离保持在 100 厘米以内，如此即可维持原有地面高度。

## 改造重点 2

## 讲究材质与灯光层次 时尚休闲氛围

改造后的主卧浴室采用干湿分离设计，虽然已有对外窗，但设计师仍妥善配置冷暖风机，实现干燥、暖房的多重功能，而浴室材质主要以岩片砖铺设地面、墙面与浴缸，对比色系的运用让空间具有层次，浴缸与洗手台面更搭配大理石，衬托精致细腻的质感。干区的天花板部分也特意结合间接照明设计，具有拉高空间的效果，镜柜比例也大于台面，透过反射放大带来宽敞舒适的气氛。

小诀窍

浴缸、灯光的重点提醒

以岩片砖砌成的浴缸收边建议搭配光滑面材质，才不会造成锐利不适感，光源的电路设计部分则分成干、湿两个区域，当使用干区时只需要开启一个开关即可。

小诀窍

浴室翻修的重点规划

1. 二手房面临水电管道更改，一般屋龄超过 15 年的老房子，翻修时应一并重新设计管道，但倘若未超过 15 年却有水管堵塞的情况发生，也要先检测管道，然后再决定是否重新设计。
2. 更换马桶时要注意新旧管距的相容性，旧式马桶管距与新式马桶管距可能不一致，换新马桶时应特别注意。
3. 瓷砖填缝收边采用白水泥，而非传统的灰水泥，让质感大为提升，也可选用专门的填缝剂，还能发挥除霉效果。
4. 预留足量插座，浴室里运用到的小型电器越来越多，吹风机、电动牙刷，甚至是电视音响，因此整修前最好先思考所需使用的电器有哪些。另外建议也先预留电动马桶座插座，避免未来更换还要重新安排电路。
5. 防水测试要经过一周测水，最好在墙面做完防水工程后，在浴室中蓄水并经过一周测试。另外浴缸砌好尚未贴覆瓷砖时，也要先进行蓄水测试。
6. 水电配管注意预留专属用电，像是按摩浴缸、冷暖风机、蒸汽机和烤箱这些设备都必须采用独立电路。

# PART 10 浴室装修点子

B-L495

# 卫浴装修点子

设计、预算、施工、建材，创意满分的装修秘技

卫浴装修是否与室内设计一同进行？相关预算怎么评估？各类设备材质如何影响预算？工程控管如何进行？该不该做防水？卫浴设备如何做测试？ 44 个卫浴装修点子，教你控管预算与工程品质。

## 设计篇

Point 01

### 与室内装修同时 先与设计者讨论

若浴室装修是与整体室内工程同时进行，提醒你不妨先与设计师或水电工、涂刷工讨论，了解专业的细节，以及浴室现场有无地形、水电方面的特殊状况，是否采用干湿分离设计？可否加装浴柜收纳等？

Point 02

### 考虑临时身体不适所需的浴室安全

晕眩、身体受伤都是生活中常见的意外，在浴室中也可能发生突发状况，因此要注意防滑处理，例如大理石要经过烧面处理；浴缸内要规划阶梯，以及适合坐姿、站姿高度的扶手，以免单脚进出浴缸重心不稳而滑倒。

如果浴室装修是与室内装修同时进行，应注意浴室与其他空间的搭配，不妨先与设计师或水电工、涂刷工讨论，了解专业的细节。

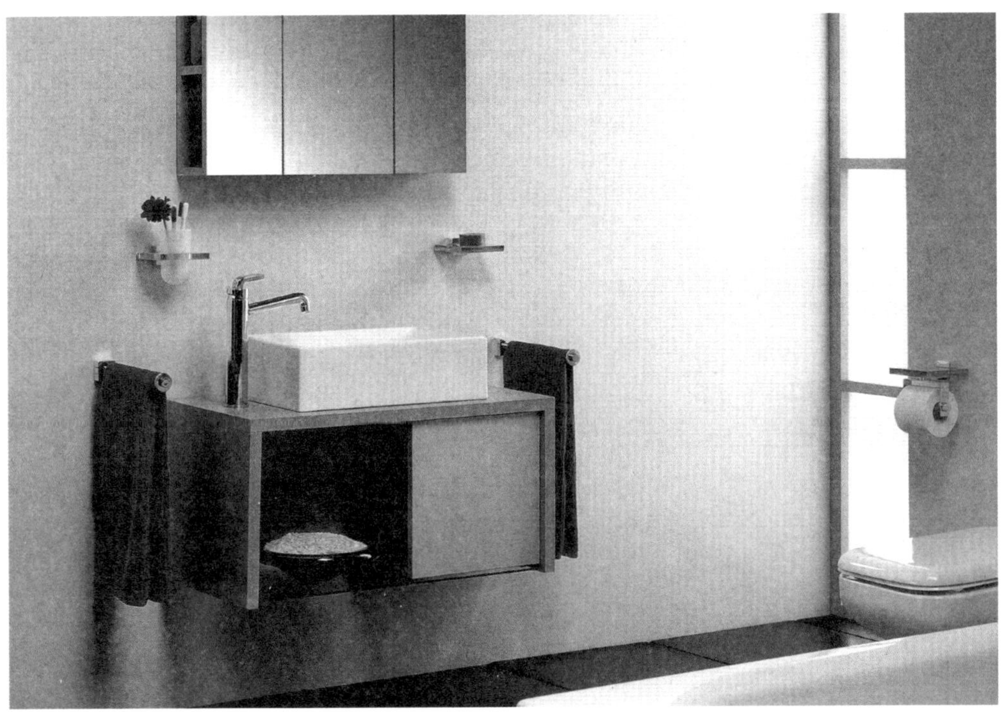

面盆是浴室装修的重点项目之一，添购好看的产品，具有赏心悦目的效果。

建材的配搭使用，可为浴室空间气氛、情调加分，也体现个人的品味。

Point 03

## 卫浴设备 决定空间功能

浴室空间的功能发展源自于卫浴设备的选择，专家建议，一般小于5平方米的浴室宜选用单纯三件式的面盆、马桶及淋浴间，大于7平方米的空间，再考虑是否设置浴缸共四件式设备。要提醒您的是，浴室空间的基地形状、专业设计的空间安排，也应列入选择设备的条件内，让所有卫浴设备适合家人使用。

Point 04

## 建材配置 依照个人喜好

大致来说，浴室用材概分为烧面（雾面）砖、亮面砖两大类。雾面砖材的风格较为低调内敛，较常应用于古典风格的营造，也会让人有自然休闲、度假空间的联想，至于亮面砖则更加抢眼，是表现时尚浴室的好素材。另外，喜欢和风禅意的人不妨采用原木材质，金属铁件的使用则有助于增加前卫科技感。

Point 05

## 建材搭配 衍生一不同风格

禅风：抿石子 + 充足采光 / 异国风：6 种青花瓷砖 + 造型龙头 / 奢华风：银狐大理石 + 开放隔间
乡村风：旧建材 + 涂料 / 美国风：图腾壁纸 + 壁灯 + 百叶窗

浴室里使用木质建材，使人感觉沐浴在大自然中，但要注意在木质表面施加防水层。

选用6种以上的青花瓷砖混搭，突破单用一种花纹贴满墙的生硬感，配上木色百叶窗展现异国风情。

选择卫浴设备，除了考虑个人喜好、习惯，浴室空间的地形、专业设计的空间安排，也应在选择设备时考虑进去。

Point 06

## 龙头选择 使用习惯是重要参考

水龙头是一般出水设备的统称，其运用于浴室中依使用位置可分为淋浴龙头、面盆龙头、浴缸龙头；若就功能来分有一般龙头、定温龙头及感应式龙头；以安装方式来分则有壁面龙头及台面式两种，消费者可根据需求来挑选。

Point 07

## 设置加压电机 须进行专业评估

一般家用的水压多为常用水压，对于想要装设家庭水疗设备的人来说，这样的水压是不足的。因此，必须请水电工程人员至现场，专业评估是否加装加压电机。

Point 08

## 置放卫浴设备 需有软介质保护

运送或放置卫浴设备时，基础的保护便是加上软性的中间介质，避免硬的卫浴设备直接碰触到地板或壁面，这些基本工作是施工人员所应注意的。

淋浴间的设计，应考虑自身与家人的使用频率，再做决定。

Point 09

## 淋浴房升级 化身多功能 SPA 室

淋浴房因不占空间、符合现代人生活习惯而受到欢迎，近年来 SPA 美容风潮吹进居家，淋浴房设计也结合各式 SPA 功能，如淋浴柱的采用或添加蒸气主机，便可以将单纯的淋浴功能空间升级为 SPA 室。

Point 10

## 挑选淋浴门 不易留水渍是关键

淋浴房是时下浴室设计里相当普遍的设备之一，提醒您格外留意淋浴门的设计，排水顺畅度如何？是否是不会积水的款式？要防止玻璃板上产生水渍与脏污感，此外也可向店家问清楚后续保养时是否需要再涂装防泼水的涂层。

Point 11

## 浴缸材质各异 保暖、保养各不同

浴缸材质概分为铸铁、FRP 亚克力、木桶、石材或瓷砖，不同材质的浴缸虽然功能相同，但在保暖及保养上却各有差异，消费者可根据自身需求来比较选择。

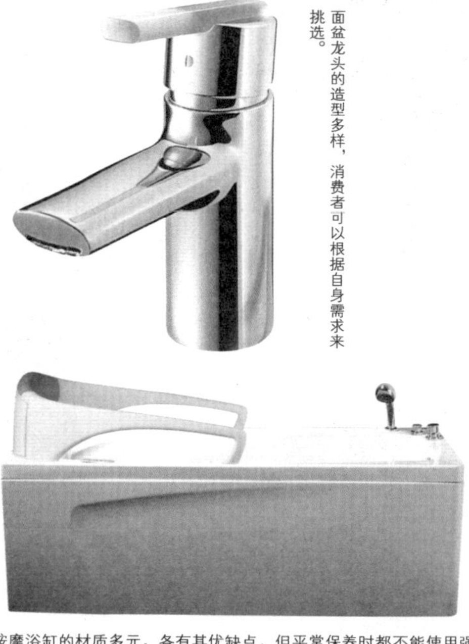

面盆龙头的造型多样，消费者可以根据自身需求来挑选。

按摩浴缸的材质多元，各有其优缺点，但平常保养时都不能使用强酸、强碱的清洁剂或钢丝的刷布来清洗。

浴池的设计是营造温泉氛围的重要因素，视觉效果佳，可配合浴室风格来打造。

Point 12

## 选购按摩浴缸 先了解浴室尺寸

选购按摩浴缸，除了要注意备有专用电路及漏电保护器外，现场空间的尺寸是最重要的参考依据。例如，一般最小的角落缸需长宽各一米的空间，而狭长形浴缸则要 80 厘米 ×120 厘米，较适合的场地尺寸则约要 80 厘米 ×130 厘米至 80 厘米 ×170 厘米。

Point 13

## 劣质接头材质 隐藏安全危机

除了挑选安全合格的卫浴设备，有些劣质的接头材料内部会有细微针孔，容易脆化，在安装一段时间后就会出现问题，不妨先向工人做了解。

配合整体空间风格的营造，壁面出水的无龙头设计更强化前卫、简洁的设计感。

Point 14

## 台面式面盆 为流行趋势

收纳功能移入浴室空间的机会大幅增加，结合面盆功能的浴柜设计，不论是独立设置于台面上、半嵌或内嵌于台面，配搭各种不同的浴柜款式、色调，都让台面式面盆的美观程度大大增加。

Point 15

## 淋浴柱选择 以实用为第一原则

淋浴间除了有传统淋浴龙头，也可安装花洒、SPA喷头、侧喷喷头等，安装前除了要仔细考虑自己的需求外，最好也先行了解相关的安装须知，避免日后使用时发生效果不如预期的状况。

选购按摩浴缸时应重点考虑浴室空间的尺寸。浴缸涵盖灯光疗法等额外功能，更能提供多元化的沐浴享受。

**DETAIL**

### 浴缸材质与特性比较表

| 品牌 | 保暖程度 | 产品特点 |
|---|---|---|
| 铸铁 | 佳 | 1. 重量非常大，使用时不易产生噪音，价格昂贵；<br>2. 铸铁缸很重，不易挪动和搬运，安装过程麻烦，需要吊装 |
| ERP<br>亚克力 | 普通 | 1. 造型丰富，重量轻，表面光洁度好，而且价格较低廉；<br>2. 耐高温能力及耐压能力较差，不耐磨，表面易老化，材质较差者可能会变色 |
| 木桶 | 普通 | 1. 安装容易；<br>2. 材质不易干燥，易产生霉垢；<br>3. 体积重，不易搬 |
| 瓷砖 | 略差 | 1. 具有防滑功能；<br>2. 视觉效果佳，可配合风格来打造；<br>3. 但是材质冰冷，若浴缸体积大，须注入水量多，最好能搭配锅炉式热水设备；<br>4. 接点多，清洗时较容易有死角，且须注意尖角 |
| 石材 | 略差 | 1. 具有防滑功能；<br>2. 视觉效果佳，可配合风格来打造；<br>3. 但是材质冰冷，若浴缸体积大，须注入水量多，最好能搭配锅炉式热水设备 |

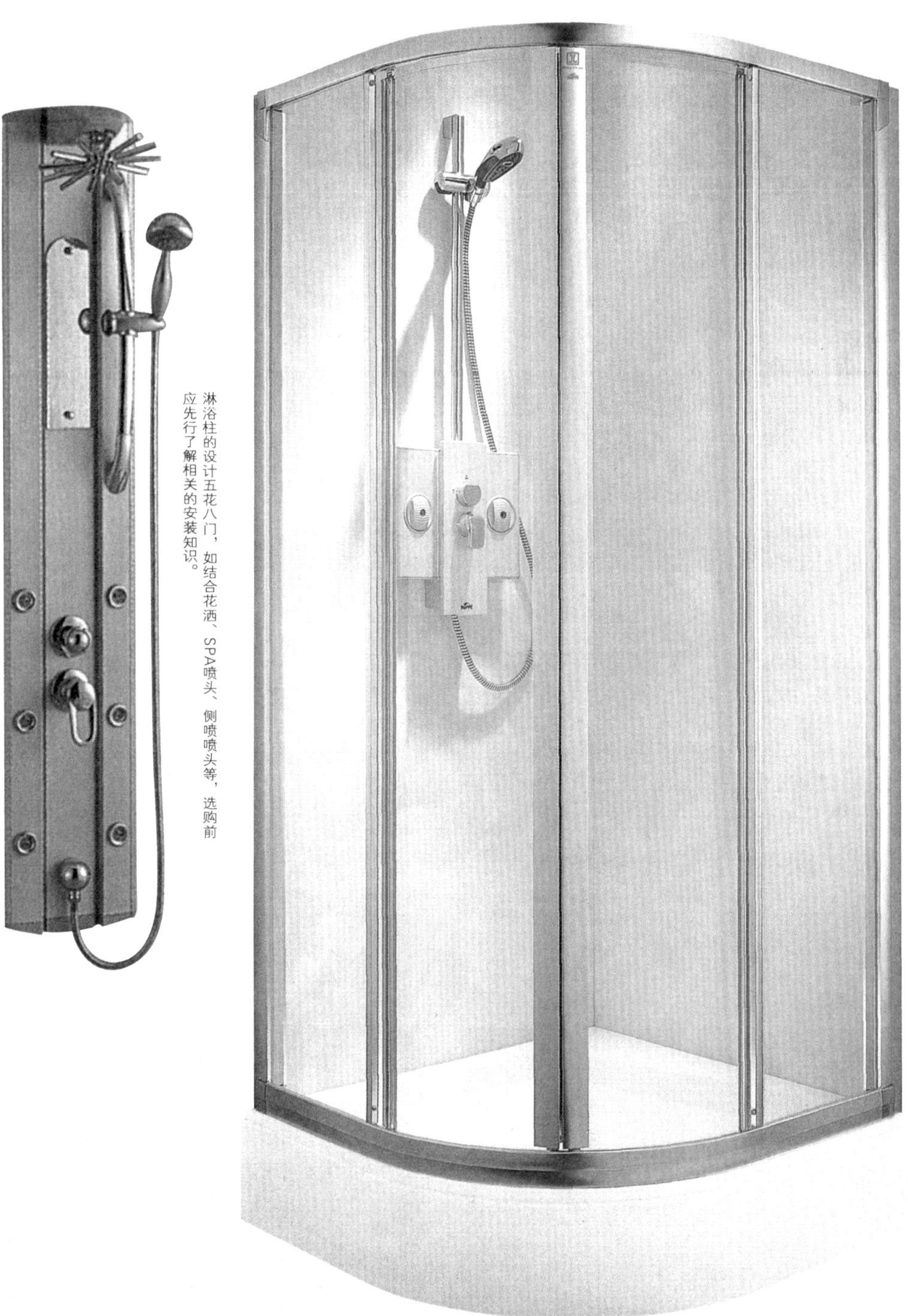

淋浴柱的设计五花八门，如结合花洒、SPA喷头、侧喷喷头等，选购前应先行了解相关的安装知识。

淋浴房的设置相当普遍，但要提醒您留意淋浴门的设计，如排水是否顺畅，避免玻璃板上产生水渍与脏污。

## 设备篇

Point 16

### 运送卫浴设备 可能造成结构损坏

在运送设备的过程中，任何碰撞都可能造成卫浴设备内部结构的损坏、龟裂以及刮痕，除了厂商自我要求，消费者须找信用高、施工态度良好的厂商才较有保障。

Point 17

### 挑选进口设备 宜找信誉好的厂商

市面上进口品牌众多，消费者往往无法一一认清，许多标示欧美品牌的产品可能不是由原产地制造，在品质与售后服务上都有待考查，最好找到信誉好的厂商，千万不要购买来路不明的设备，以免日后维修无门。

Point 18

### 优质进口厂商 售后服务有保障

进口设备除了须有专业服务与责任安装外，提供产品保修期也是相当重要的，例如优质的进口商在卫浴瓷器设备上，甚至可提供高达 15 年的保修期限，其他设备部分也有 2 年的保修服务。

Point 19

### 正确保养 延长卫浴设备使用年限

希望卫浴设备常新，重点还是在于使用者自己的日常保养清洁方式，尤其要注意千万不能使用强酸、强碱的清洁剂来清洗，另外带有钢丝的刷布也不能使用，要选择棉质擦布才能很好地呵护五金及瓷器产品。

## 预算篇

Point 20

### 估算成本 涵盖工程、设备及安装

设计定案后，请装修公司将估价单详细列出，包括工程、设备、安装等，除了设备的价格会因产品等级而有差异，在工程、安装部分也会因施工难易度、工程多少而产生波动 。

Point 21

### 安装淋浴门 采取责任施工

浴室常用的淋浴门因材质脆弱，以及隔水工程等问题，一般商家多采取责任施工，因此，在报价时会将安装、施工费用与材料费合并作一次报价，不会另立安装费用项目。

考虑到淋浴门的材质、隔水工程等问题，一般店家多采取责任施工，并将安装、施工费用与材料费合并作一次报价。

Point 22

### 7 平方米浴室 设备花费在万元以内

目前居家浴室多在 5~7 平方米，若以选配一般设备而言，这样大小的浴室的设备费用不用太多即可购置相当不错的设备。

Point 23

### 工程报价 按照数量多少灵活调整

无论拆除、涂刷、水电或者是安装，工人都是在现场工作，工程的报价除了有一定的基本行情外，工人报价也会根据内容的多少来决定，例如施工项目较多时，价格上一般较有弹性。

卫浴产品标价不含实际安装费用，且设备安装的难易度，也会影响安装费用的高低。

## 施工篇

Point 24

### 浴室分区 防水做法不同

防水措施分为防水布、防水漆两种做法。防水布多半用十浴室或浴缸下方，而且必须在涂刷工程进行前就施工，至于防水漆则是在基础涂刷完成后，可用于壁面及地面。但须注意的是，如果浴室在装修前即有壁癌情况产生，必须先做清除，确定墙面干燥后才可再涂刷防水漆。

Point 25

### 天然石材 后半段工程进场

讲究质感的浴室中常常可以见到大理石或板岩、页岩、观音山石等天然石材，这些材质因为单价较高且易受损，因此通常排在工程的后半段才进场，避免受到重物撞击或沾染脏污等，石材通常由专业安装人员在现场施工。

改装卫浴间可能会因配合室内格局的调整，重新配置浴室空间的设备位置，连带可能改动水电线路，最好请水电工程人员来检视线路，再做决定。

Point 26

### 木作最好安排在干式空间

决定在浴室加入木质材料前，最好先考虑干湿分离设计，搭配面盆的方式也可节省不少空间。因为潮湿环境对于木质设备的影响最大，木削板、发泡板、防潮板及实木等材质因耐潮程度不一，产生变形的情况也不同，但是原则上都不适合长期置放于潮湿空间。

Point 27

### 设置独立开关 电器各自独立使用

关于电路使用的细节，建议您最好在工程初期时即做好确认，例如除雾镜的镜面最好事先加装除雾线，同时设置独立开关；另外抽风机也可以采用独立开关设计，当人离开浴室时关闭灯源，抽风设备可以独立运作，保持浴室干燥。

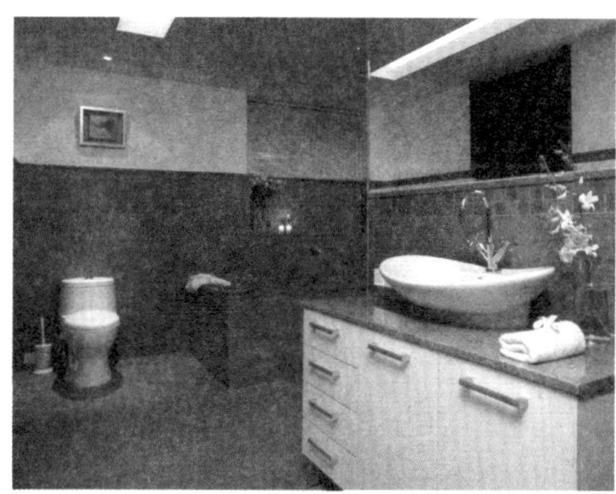

浴室里铺设天然石材，通常排在工程的后半段才进场，避免受到重物撞击或沾染脏污等。

浴室的防水工程因区域不同，施工的方式也不同，如防水布多半用于浴室或浴缸下方，而且必须在涂刷工程进行前就施工，至于防水漆则是在基础涂刷完成后，用于壁面及地面。

Point 28

## 浴室防水工程 避免漏水

由于浴室长期处于潮湿状态，尤其是浴缸下方常常会蓄水，为了避免波及楼下住户的天花板建材，甚至造成漏水状况，以及临浴缸侧墙的隔壁房间壁面因长期潮湿而导致壁癌，因此浴室通常应做好防水措施。

Point 29

## 二手房需面临水电管路的改动

一般情况，15 年以上旧屋最好在改装时一并重新设计管路，但是屋龄若未满 15 年，却有水管堵塞或电力不足状况的情况，最好也请水电工程人员来检视管路，再做决定。

Point 30

## 水电配管时 注意预留专属电路

拆除工程之后，接着要进行水电的配管工作，建议在电路安排时注意是否预留了专用电路，以便保证大功率用电设备的正常使用，如按摩浴缸、暖风机、蒸汽机、烤箱等，插座数量也要再三确认。

Point 31

## 涂刷打底 基础工程之一

在水路、电路都已经确认位置后，就可以灌浆将管路掩藏，至此，浴室空间有了初步的雏形。涂刷的价格除了与材料费用、工地的大小面积有关外，收费也会依现场工程的难易度来决定。

Point 32

## 水泥施工注意材料比例

无论是自己调配材料或者由水泥工人施工，必须注意水泥与沙的比重为 1∶3，千万不要为了增加涂层牢固度，而随意提高水泥混合的比例，造成对瓷器设备的侵蚀，或者降低水泥比，造成水泥黏度不够的情况。

规划蒸汽淋浴房，除了需注意空间的密闭效果，在电路配置时也需考虑大功率设备的用电需求。

单人座烤箱采用松木或杉木材质，另具有远红外线、触控式微电脑等设计，在安排时注意是否有预留专用电路。

关于电路的设置，在进行浴室工程初期时即要做好确认，如需预留极速干手机的电路，避免日后使用时找不到插座。

# 安装篇

Point 33

## 工程清洁后 再安装卫浴设备

现场清洁指的是粉刷及木质工程等的收尾工作，讲究施工品质的设备厂商会坚持在工程清洁后再进入现场安装卫浴设备，确保设备的品质。

Point 34

## 单纯安装新设备 一日即可完成

浴室的装修过程繁复琐碎，可能涉及拆除、粉刷、水电等工程项目，但若是单纯的设备更新，在安装上却是相当快速的，通常是在浴室的清洁收尾工作结束后进行，一般家庭的双浴室，只要一天的工作时间即可完成。

Point 35

## 恒温装置 清除管道杂质再安装

设备能否发挥最佳的效用与每一个环节都息息相关，例如恒温装置的安装，如果管道存有杂质，则会使定温龙头装置受到影响，必须先放水直至干净再安装。

Point 36

## 设备安装 马桶优先

一般浴室设备安装的流程，首先施工的项目是水管，然后依序是马桶、面盆与淋浴间的施工安装，这个顺序流程主要考虑到了客人的需要，因此才将水管与马桶部分优先完成。

若不涉及拆除、粉刷、水电等工程项目，仅做单纯的设备更新，在安装上是相当快速的。

方便客人使用，浴室装修应优先完成水管与马桶部分的施工安装。

精致绝美的卫浴设备，应在清洁工程结束后，再送入现场进行安装，避免相关设备在现场受到碰撞损坏，影响设备的品质。

Point 37

## 安装面盆时须察看有无裂痕

多起面盆破裂的事件，让大众开始重视面盆的安全。事实上，一些简单测试，就可以让家人在使用上更放心，如肉眼观察瓷器面盆有无裂痕，裂痕可分为釉上裂或是瓷器本身裂，一般瓷器老化或是搬运、安装时受到撞击都有可能产生裂痕。

Point 38

## 墨水稀释注入面盆 渗水检验法

面盆的裂痕有些用肉眼直接看到的，厂商建议，不妨将墨水稀释后倒入面盆中，若面盆本身内部结构有裂痕，墨水色便会渗入，如此即可轻易看出面盆是否有裂痕。

Point 39

## 使用者姿势错误 面盆支撑力不足

新面盆发生破裂，除上述原因，另一个可能则是使用者姿势错误，例如将身体重量整个压靠在面盆上，传统安装方式仅以两只螺丝将面盆钉锁于墙，因而面盆承受过大重力，支撑力不足，致使瓷器面盆破裂。

Point 40

## 管路安全须先做压力测试

依据水电工程的安全规定，在浴室内用的管路受压值、常用设备的受压值、一般淋浴柱水压值、设备受压值均须先做压力测试，不合格要马上联系相关责任人员。

马桶也有一定的承重标准，如能事先严格把关，就能降低发生意外的概率。

卫浴设备的安装应依照原厂正确的安装程序来施工，即使漏装了小垫片或者螺丝等，也可能造成新面盆破裂等状况。

蒸汽设备提供绝佳的放松体验，但在安装时须注意淋浴柱的水压相关问题，以安心使用。

## 测试篇

Point 41

### 老旧的面盆 注意旋锁处的软垫

另一个可能影响面盆使用安全的原因是，面盆本身使用年久后，瓷器面盆与壁面交接旋锁处的软垫已经老化，失去弹性，导致瓷器与壁面长期硬碰硬形成挤压，最后产生面盆爆破意外。

Point 42

### 遵循安装程序 防止面盆发生意外

新安装的面盆出现破裂状况，原因可能是因为工人安装不正确，未依照原厂正确的安装程序来施工，未装小垫片或者螺丝等，最好确认工人是否依照原厂安装手册来安装。

Point 43

### 面盆承重测试 须超过 150 千克

为了降低浴室事故发生的概率，面盆要能承重 150 千克以上才算合格，至于马桶更要求达到 450 千克的承重标准，如能事先严格把关，就能防止意外发生。

Point 44

### 若做防水须仔细测试

浴室防水工程的必要性见仁见智，部分设备厂商认为，每一件设备本身就应该拥有防水及不漏水的基本标准，尤其干湿分离后，浴室地板很少积水，因此不一定要进行防水工程。不过，从浴室长久使用角度来考虑，凡事要以防万一，而且必须仔细测试，严格按照标准监督，甚至会在施工完成后，放水测试一周，若无渗水现象才算通过防水检验。但是，防水工程的测试大都是跟着整体装潢工程进行，若单纯改装浴室，工程无法持续这么久。

使用面盆时姿势错误，如将身体重量整个压靠在面盆上，可能导致意外事故的发生。

一般瓷器老化或是搬运、安装时受到撞击都有可能产生裂痕，可以观察瓷器面盆有无裂痕，让家人使用得更放心。

# PART 11 卫浴设计精选

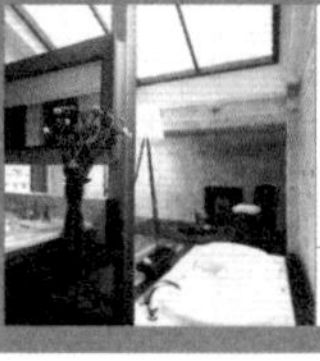

# 卫浴设计精选

## 精选案例一　大理石日光浴室
## 斜屋顶天窗引光，垂吊式镜柜分割出奢华日光浴室

顺着空间格局打造的日光天窗，让沐浴的时刻也能有日光作伴，早晨舒服地泡个澡，开启充满活力的一天吧！

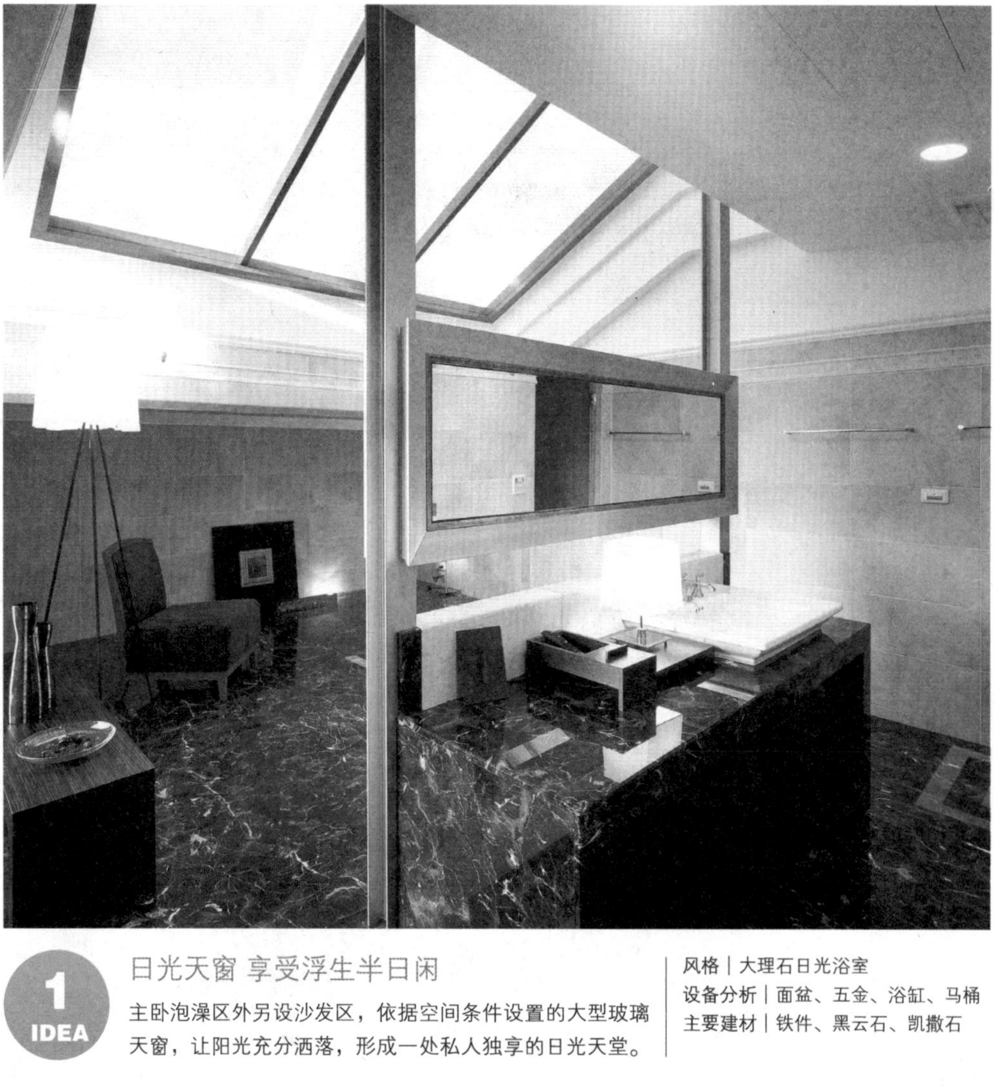

### 日光天窗 享受浮生半日闲

主卧泡澡区外另设沙发区，依据空间条件设置的大型玻璃天窗，让阳光充分洒落，形成一处私人独享的日光天堂。

风格｜大理石日光浴室
设备分析｜面盆、五金、浴缸、马桶
主要建材｜铁件、黑云石、凯撒石

## 石材的鲜明纹理 展现现代大气风格

主卧浴室位于四楼的主卧空间内，设计师以视感强烈的黑云石铺陈，从地面到台面，大面积运用，搭配经典的白色立灯，展现出浴室的奢华与高贵。

## 斜屋顶天窗 打造明亮的沐浴空间

设计师将空间做了功能上的区隔，以镜屏和洗脸台巧妙地划分出泡澡区、如厕区和更衣室的位置，天花板则别出心裁地采用斜屋顶天窗设计，自然光源可以充分洒向一旁舒适的沙发座椅，让业主在沐浴之后也能惬意地接受日光洗礼。

设计重点 1

因为选用了大理石材，所以在浴缸旁加了三条烧面防滑带，保护使用者安全。

设计重点 2

最精致的浴室应该进行分区，泡澡时看不见马桶，心情才舒适。

## 精选案例二　无隔间清凉卫浴
## 旧浴缸区变身水池，无隔间创造干爽浴室

谁说浴室只能湿冷？木地板与窗外的稻田相映，独特的地井设计，营造空间温暖的氛围，任谁都爱午后在此漫步。

**1 IDEA**

### 规划水池地井　兼具泡脚与造景双重功能

本案中的地井是开发商给安装浴缸预留的空间，规划成小水池，水龙头打开即能蓄水约50厘米深，享受在木地板上泡脚的乐趣。或在摆着浮水蜡烛的水池上，加置强化玻璃，形成特有景致。

风格｜开放无隔间

设备分析｜开放马桶、浴缸、淋浴间、圆形柱面盆

主要建材｜超耐磨地板、白色与浅灰色马赛克、栓木、纱帘、强化玻璃

## 开放卫浴跳脱框架 串联自在清凉意象

利用空间本身不规则的结构，将位于角落的主卧室畸零带规划为长形卫浴间。长形区域从主卧电视柜背墙、卧室入口的纱帘隔屏、更衣室一路延伸，看似独立的卫浴间，却与主卧室若隐若现，电视柜墙采用喷砂玻璃，援引主卧区的光源；半开放的纱帘分隔了浴室和主卧室，同时，泡澡区与淋浴间也以纱帘作象征性的干湿区隔。

设计重点 1

开窗引动气流，使主卧室反而干燥得很快，再不必用墙封闭浴室。

## 融合室内外的自然景色 稻田与木纹的美好意象

原本开发商规划的墙面并无开窗设计，但是崇尚自然的设计师，考虑到此区域望去尽是绿色农田美景，若任由水泥墙面阻挡岂不可惜，于是加开多道窗，除了引进光源外，在泡澡时也能欣赏美景。

设计重点 2

木地板中也有防水性较强的商品，只要全室通风好，也可以用此类产品。

### 选用防水性强的超耐磨木地板

以超耐磨木地板铺陈浴室地面，营造轻松的自然氛围，栓木装饰的天花板，则宛若木桶盖子包覆着浴室。

### 善用浅色、玻璃与纱帘

淋浴间壁面运用白色、浅灰马赛克带来清凉的感受，并以轻薄的纱帘与温泉区做干湿区隔。

## 精选案例三　前卫金属质感浴室
## 马赛克金属砖，反射加宽个性化卫浴空间

科技时代来临，不妨来打造一个充满前卫感的浴室吧！利用不锈钢、铝金属、玻璃等冷色调材质，让自己的浴室清凉一下。

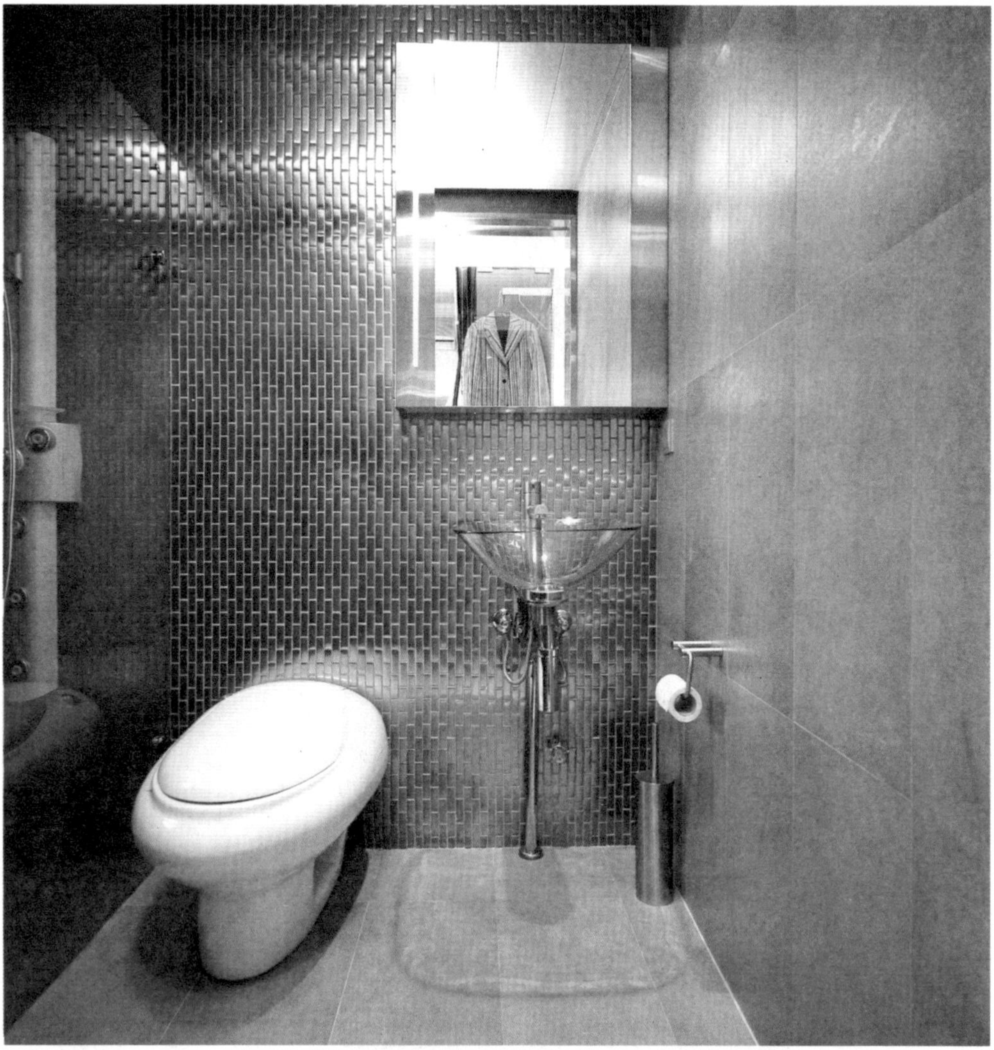

### 玻璃墙 区分淋浴区与盥洗区

不锈钢瓷砖壁面，搭配灰色水磨石砖及金属材质的龙头把手配件，原先狭小的空间顿时清凉透彻起来。以玻璃墙区分淋浴区与盥洗区，同时也不会阻断视线。

**风格**｜小面积金属浴室

**设备分析**｜方碗形玻璃面盆、蛋形马桶、淋浴柱

**主要建材**｜不锈钢瓷砖、水磨石砖、清玻璃

## 冷色调建材 带来清新凉爽的感觉

面积不足 7 平方米的浴室，放什么都显得拥挤！不如让它彻底清凉，制造放大空间的假象。这间现代前卫的浴室，有基本的淋浴区与盥洗区，除了以清玻璃做隔间外，利用不锈钢瓷砖铺饰的壁面，对应粗犷的灰色水磨砖，让卫浴空间展现出强烈的对比风采；并大量运用科技前卫感的金属材质，通过不锈钢、铝金属与玻璃等镜面材质反射，让空间更开阔。

设计重点 1

普遍家庭的浴室一般为 7 平方米，建议大家将收纳空间分成两部分，瓶罐类可以选用镜箱收纳，其他类最好放在外面，装设面盆下柜反而使浴室更拥挤。

## 造型卫浴设备 增添活泼气息

选用较具设计感的卫浴设备，为冷调的科技调性，带来些许活泼气息，像是通透的方碗形玻璃面盆，衬着白色瓷器蛋形马桶，既清新又有个性。

设计重点 2

因为选购淋浴柱，一定要留意水压是否稳定，需不需要加压电机等设备。

2 IDEA

### 玻璃材质面盆 减轻视觉重量

选用通透的方碗形玻璃面盆，除了呼应金属质感，更有减轻视觉重量的效果。

## 精选案例四　纯日式风格温泉屋
## 弧形天花板细节，沐浴乐趣不中断

渴望徜徉在纯日式温泉中吗？不妨在家打造一个温泉式浴池，通过经验丰富的设计师规划，每天都能享受舒服解压的温泉时光。

1 IDEA

### 架构木地板　延揽自然风味入室

折叠式的铝门，配搭经过防腐处理的南方松木地板，建立冷热池之间的互动关系，柳桉木的自然架构将浴池的空间感外推延伸至庭院，结合珊瑚石、卵石、花岗岩等庭园自然造景，邀请大自然进入半露天的日式温泉屋中。

风格｜日式温泉屋
设备分析｜五金配件、水龙头、观音石浴池
主要建材｜观音石、胶合玻璃、铝门、复古砖、南方松木

## 弧形天花板 避免水汽凝结滴落

由于本户位于温泉区，是业主用来聚会招待朋友的空间，于是设计师以日式温泉屋风格来打造度假空间。温泉屋的设计尤其要注意通风以及湿气的处理，因为湿气会凝结经由天花板滴下，为了避免这种情形，要将温泉屋的天花板规划为弧形，当水汽凝结后，不会垂直滴入池中影响泡温泉者，而是会流向弧形天花板两侧。

**设计重点 1**

热水池底部要加保温材质，以免水温散去；热水口径要加大两倍，才能缩短满池时间。

## 冷热池细心安排 同享户外绿意

以观音山石砌出温泉池与冷水池，冷热池之间安排折叠式的胶合玻璃门，搭配处理过的南方松木地板与柳桉木，将自然气息从庭院外延伸到室内，泡温泉时同享户外的自然造景。如果人数较多，设计师还在冷热水池之间设置了连通管，可以随时依需求选择冷热水温。

**设计重点 2**

硫黄区最容易发生五金锈蚀、水管漏水的问题，因此要选用品质好的五金用品。

## 2 IDEA 观音石台面 日式风味淋浴区

淋浴台与置物台空间以4厘米厚的观音山石搭配洗石子脚架与复古砖的墙面，呼应自然诉求的空间整体感。

## 精选案例五　现代玻璃浴室
## 长方形浴室采用沐浴和盥洗两段式格局，使用更方便

让光线毫无阻隔地进入室内空间是此户的设计重点，通过玻璃、镜子的巧妙安排，让浴室更加明亮清爽。

**1 IDEA**

### 电视嵌入玻璃墙内　泡澡不忘娱乐

为了避免电视在浴室内受潮，设计师特意将电视置放在墙的背面，与浴缸隔着深色玻璃，让泡澡的时光也有电视节目作陪。

风格｜现代玻璃浴室
设备分析｜水龙头、马桶
主要建材｜清玻璃、马赛克、大理石、明镜

## 光线是主角 采光窗让空间明亮宽敞

此屋拥有三面采光的优势，设计师选择在容易进出的位置，用玻璃滑轨门作区隔，让浴室同享明亮舒适的氛围。为了让光可以进到浴室中，他首先将原有的面积拓宽、垫高地面高度、加大采光窗，浴缸则临窗而设，这样的好处是白天将光线带进主卧室，夜晚则可以一边泡澡，一边欣赏夜色，是一举两得的设计创意。

设计重点 1

将浴室切成两个区位，只上洗手间时也不用踏上湿淋淋的地面，反而是长形浴室的好处。

## 透明玻璃为隔 干湿分离更清爽

设计师选择以清玻璃做隔间，加上在洗手台的侧墙、浴柜以明镜贴饰，透过镜子反射，宽敞感自然产生。建材上，选择以白色马赛克和大理石地面铺陈，配备造型利落的墙面出水龙头与碗形面盆，在一片清爽洁净的氛围中，相互呼应这个以光线为主角的沐浴空间。

设计重点 2

因为移动原始浴室位置，地面要垫高大约 15 厘米，以方便马桶给排水，因此设计师将整间浴室垫高，采用不同地面色，比较安全。

2 IDEA

## 石材地板与镜墙 营造明亮氛围

卫浴空间内大量使用明镜、玻璃为立面材质，通过反射制造空间宽敞感，地面与台面则以白色系大理石打造，清爽感十足。

## 精选案例六　互动的阳光屋浴室
## 用玻璃解决只有一面采光的缺点，同时保证气流通畅

突发奇想地将浴室搬到卧室与书房中间，透明玻璃的隔间反而让家人互动更多，浴室玻璃墙不仅好看，也很实用。

**1 IDEA**

### 窗沿设平台　泡澡时可以谈心

介于书房和主卧之间的浴室，设计师设计可开启活动的玻璃窗，窗户下则规划坐榻平台，气流就能在卧室与书房之间流通。

风格｜互动玻璃浴室
设备分析｜马桶、蒸气室、面盆
主要建材｜强化玻璃、石材、不锈钢

## 打破浴室围篱 恣意享受阳光

由于空间本身的采光区只在前段，设计师建议业主将书房纳入主卧室的使用范围内。但是却出现了浴室阻隔在卧室、书房之间的问题，如何在不动浴室的前提下扩大空间感？设计师大胆地提出浴室玻璃屋的概念，打破了浴室围篱的制式印象，用透明玻璃分隔空间，而在视觉上又是相通的，让卧寝区与书房紧紧相连，空间层次更丰富。

**设计重点 1**

活动玻璃拉门与面向书房的三道侧开玻璃窗，让整个空间气流通畅，保持干燥。

## 活动玻璃窗 光、空气、人的互动游戏

拆除墙壁之后，视线可以自由穿梭于卧房与书房之间，书房成为卧寝区落在远端的风景，原本卡在空间中央的浴室，也在巧妙设计下转化成端景，成为最美的透明过渡区。

**设计重点 2**

浴室地面是卧室的延伸，因此采用防水木材地板，周围的大理石门槛用来阻隔水流。

**2 IDEA**

## 干湿分离功能 浴室是卧室的延伸

当阳光恣意洒进，待在玻璃浴室内阅读、沐浴、梳妆，就仿佛置身在一个广阔明亮、无拘无束的空间内，令人心情愉悦。

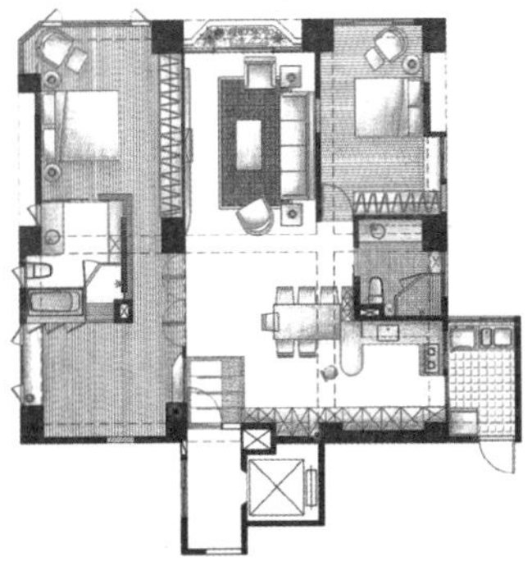

## 精选案例七　健康水疗 SPA 浴室
## 避免高墙区隔，放大浴室就能创造 SPA 氛围

厌倦了假日人挤人的温泉，不妨为自己打造一个居家SPA池，通过阳光、水、香草三种元素，构筑都市生活的自然情境，彻底消除一身疲累。

### 瀑布式出水龙头 放松你的疲累神经

在家的 spa 水疗设备，不妨选择简单的瀑布式水龙头，松弛肩颈紧绷的肌肉，水池中再加个泡沫板，冲击的水流气泡就能达到按摩效果。

风格｜健康+水疗
设备分析｜按摩浴缸、瀑布式水龙头
主要建材｜抿宜兰石、观音石、南方松防腐木地板、喷砂玻璃、浅白色铁刀木皮

## 在家就能泡澡减压 开放和室结合水疗 SPA

当泡澡、SPA 变成度假的必备行程，大可将家中浴室改成私人水疗 SPA 空间。这间结合和室与水疗 SPA 双功能的家庭娱乐空间，一侧以木地板铺砌成日式卧榻饮茶空间，另一边则是以抿石子建构的降板浴池，配设按摩浴缸，享受水柱及水流泡沫的按摩以及音乐设备带来的乐趣。

设计重点 1

降板式的水池要注意使用者起身的安全，两侧要有可扶的墙面，阶梯也要用烧面材料防滑。

## 利用基地高差 充分引入阳光

很难想象如此明亮的空间，竟然位于地下一楼，设计师利用基地高差引入阳光，再加上水与香草的辅助，成功地解放地下室幽暗的空间，透过天井将绿荫投影进来，融入健康的活力元素，呈现都市生活空间的自然情境。

设计重点 2

按摩浴缸要预先安排独立电路，使用才安全。

## 天井＋喷砂玻璃窗面 为地下室引进阳光

为了保证光线充足又不让阳光直晒，所以落地窗面采用喷砂玻璃，就能适度引进阳光。另外从天井而落的光线，将绿荫投射入室，使沐浴者拥有充满绿意的轻松好时光。

# 精选案例八 现代玻璃浴室
# 透明玻璃取代壁砖，浴室变成主卧室展示盒子

玻璃是让空间放大的魔法元素，通过这种透明的媒介，让浴室也可以宽敞明亮。

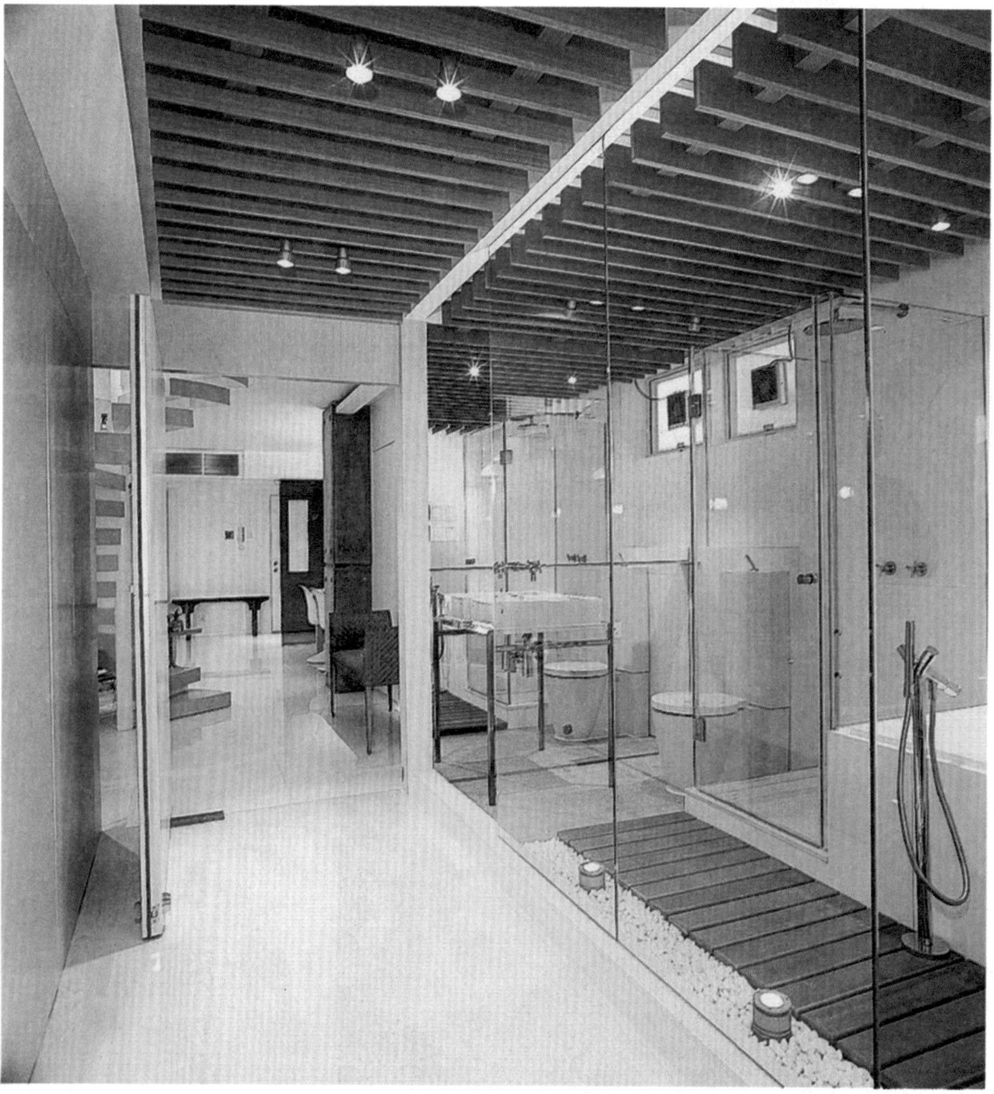

1 IDEA

## 天花板木饰条 营造悠闲自然氛围

为了制造出悠闲的自然气氛，走道和浴室的天花板都饰以木饰条，地面更铺上木地板和白色碎石，自然感更强烈。

风格｜现代玻璃浴室

设备分析｜落地式龙头、浴缸、面盆、落地式马桶

主要建材｜白色卵石、玻璃、木饰条、木地板

## 开放格局手法 空间宽广通透

设计师以拆除隔间的开放手法重新规划空间格局，一方面开阔视野，一方面创造空间更多的可能性。这样的概念延续到主卧室卫浴，墙面打掉后以透明玻璃区隔空间，户外光线可以从卧室窗户一路照进浴室，经过镜子反射，将光线引进原本较暗的走道区域。

## 添加天然建材 自然氛围弥漫

洁净之余带点粗犷天然的味道，是设计师特意设计的空间风格，除了用玻璃引进自然光之外，更利用温润的原木铺设地面，搭配相同材质的天花板木饰条，与白色卵石的天然风味，彼此呼应出空间悠闲的氛围。

设计重点 1

长形的浴室在底部（短边）加上整面镜子，整个空间就会有更深邃的效果。

设计重点 2

松木板和卵石是最快速变化风格的建材，而且松木板容易拿起来，方便清理下方地砖的污垢。

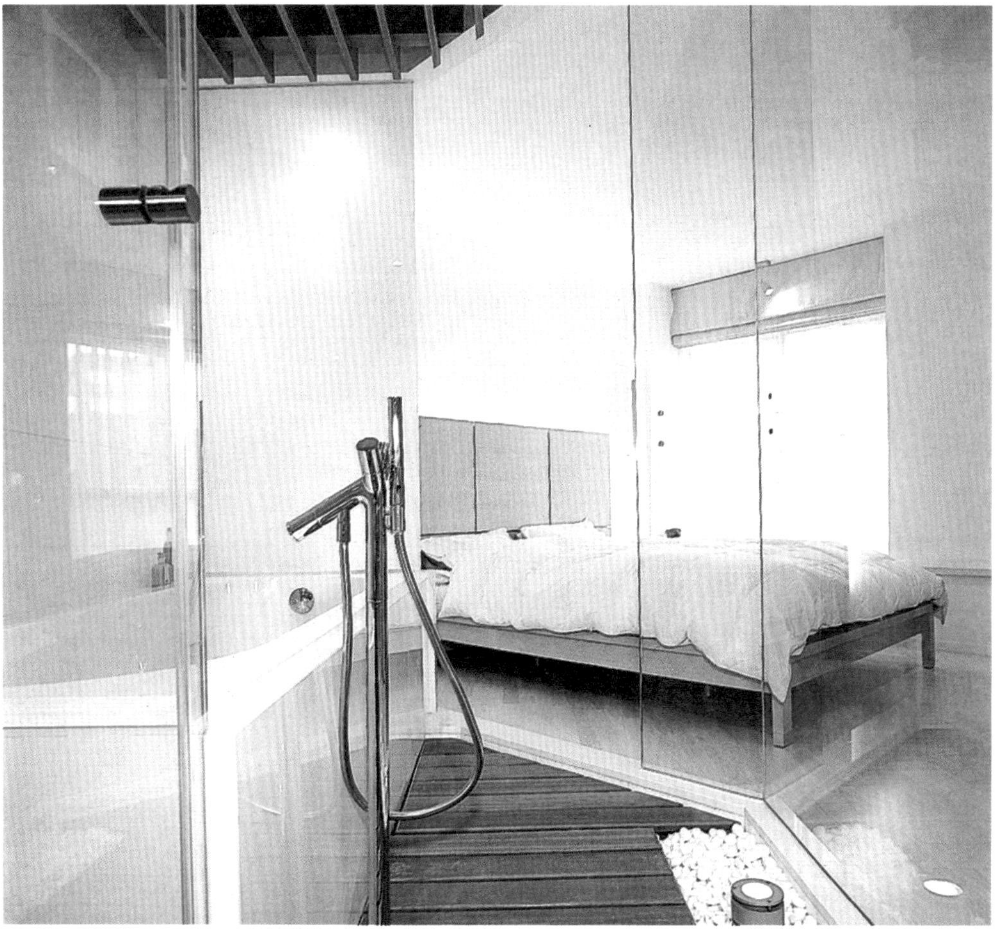

## 转角玻璃隔间 节省空间更宽敞

透过浴室的玻璃隔间，可以感受从透光窗纱引进的自然光，弥补了原来浴室无采光的缺憾。特意以斜角处理的玻璃隔间墙，维持睡寝区方正的格局，更显宽敞。

# 精选案例九　马赛克干湿分离浴室
## 双通道设计，增加走动乐趣也可以分隔视线

不喜欢冷冰冰的马赛克，可偏偏又爱上它可人的模样？那就加点桧木进去，让它温暖一下，通过开放式的卫浴隔间，让光影自由游走在冷暖卫浴间。

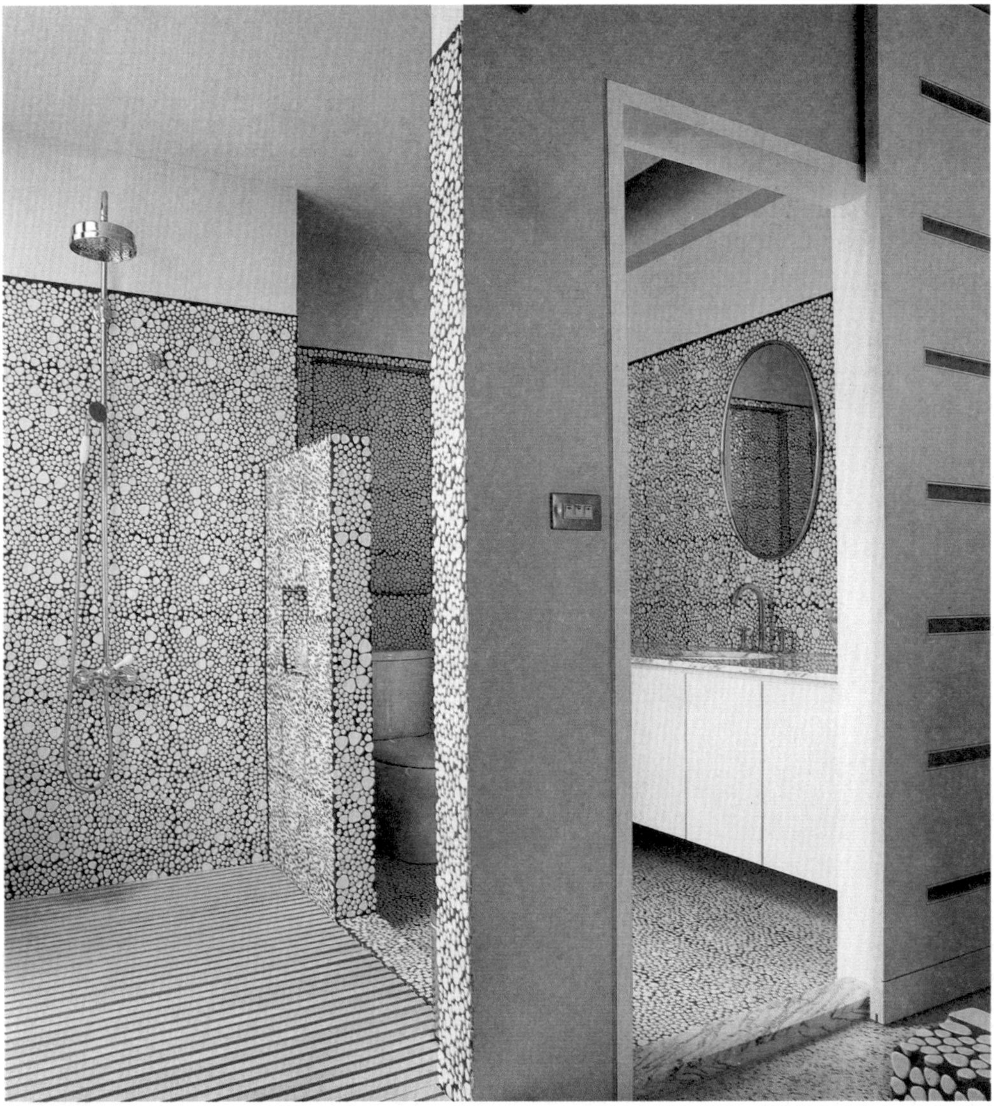

### 半隔屏马赛克墙　区分盥洗区与淋浴区

利用地面高低延展三区层次，以马赛克砖贴饰半隔屏墙面，适时遮掩淋浴时正对马桶的窘境。

**风格**｜马赛克干湿分离浴室

**设备分析**｜面盆、浴柜、淋浴花洒、马桶、浴缸

**主要建材**｜马赛克砖、桧木木地板、硅酸钙板、竹帘、大理石、喷砂玻璃

## 全开放格局 引入自然光线

卫浴空间以全开放格局呈现，涵盖盥洗、淋浴与泡澡三区，除了以地面高度的提升略作层次区隔外，干湿分离的隔间也未施工至天花板，保留开放空间的穿透性，不但减少压迫感，也增强了使用功能。人工砌出的不规则造型浴缸旁即为天井，充足的自然采光，借助喷砂玻璃不但能增加空间自然亮度，也具有隐秘效果。

## 白色马赛克搭配桧木 开启冷暖对话

卫浴空间满满贴饰着白色马赛克，从壁面延伸到地面、卫浴，圆润造型与清亮色彩让人感受透心凉的畅快，呈现轻盈明亮的气氛，凉意十足。淋浴区走道则铺砌条状桧木地板，除了有防滑效果外，亦能平衡马赛克砖带来的凉意。

设计重点 1

浴室内的三个区块，通过地面、水泥柱形成可以环绕的趣味动线，从任何位置都可以穿越。

设计重点 2

泡澡区的视线仍会看见马桶，因此用活动木百叶来解决这个问题。

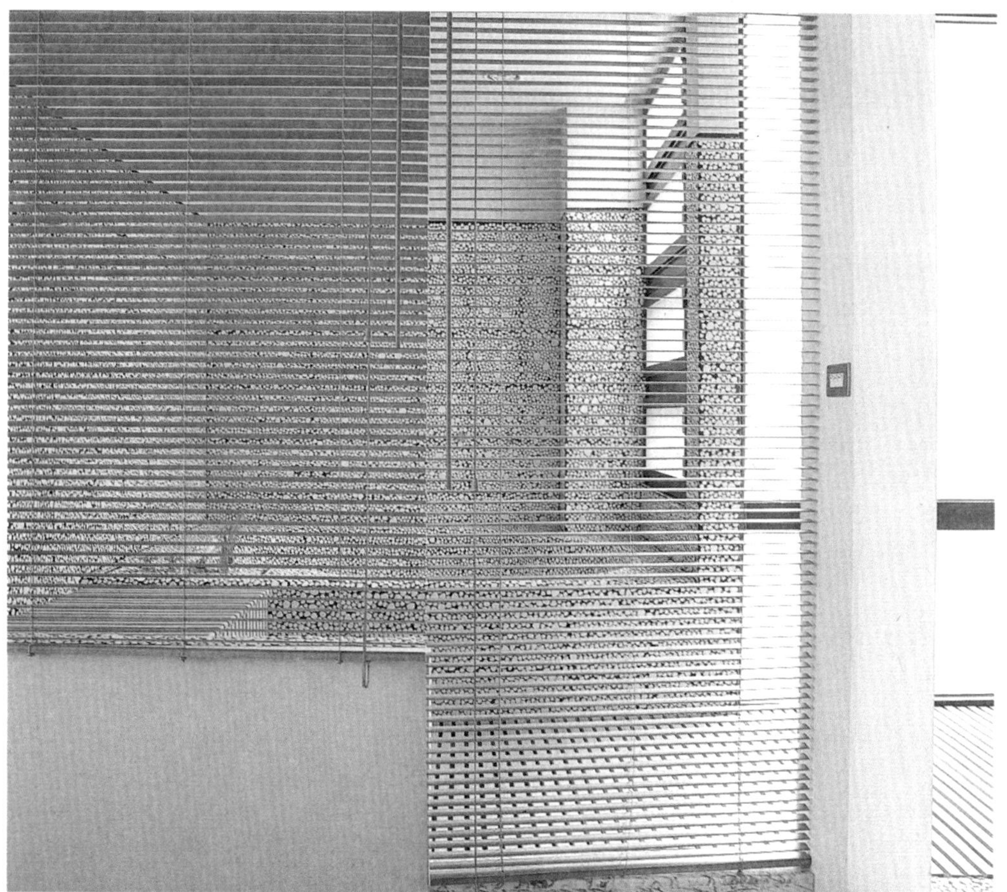

2 IDEA

## 以竹帘区隔卫浴空间 自由调整全开放、半开放区域

以竹帘作为浴室内外区隔，不但能引进室外光源，同时也不会毫无遮挡，而天井的光源也得以支援室内明亮。

## 精选案例十　浪漫甜蜜温泉屋
## 两段式格局，把小卫浴变成舒适温泉屋

加高的浴池平台，上面摆放两杯红酒，几个烛台，配上暖暖的温泉热气，享受最简单的二人世界。

1 IDEA

### 温泉区域使用灰色岩片砖　易清洁好维护

以杉木天花板和灰色岩片砖做成的浴池，附属于主卧室的卫浴内，池身很宽敞，而接近观音石的灰色岩片砖更是容易清洁维护的材质。

**风格**｜甜蜜温泉屋

**设备分析**｜洗手台、马桶、龙头、五件式瀑布龙头

**主要建材**｜橡木染白、集层板、白色片岩砖、金色琉璃玻璃、灰色岩片砖

## 卸妆、淋浴、泡温泉 浴室多功能

这间附属于主卧室的卫浴间，虽然房间内有独立更衣室，但为了业主使用方便，于是在浴室的洗手台区增加收纳功能，放置生活用品与干净衣物。

设计重点 1

除了在温泉区的天花板上加设抽风设备连接到管道间，并在一旁放置干燥机，避免因浴室湿气，而使木质柜体损坏。抽风管和管道间要固定好，免得日久脱落。

## 在家泡温泉 加大台面的设计

整间由杉木天花板与灰色岩片砖设计成的温泉屋，池身相当宽敞，夫妻两人在此泡温泉绝对绰绰有余。而加大浴池台面的设计，也让业主有空间能摆放蜡烛做气氛装点，同时浴巾也有空间置放。

设计重点 2

二进式的浴室可以增加更衣室的机能，例如干净内衣、浴巾毛巾都可以放在这里，即使更衣室离浴室比较远，也不怕脱光衣服跑来跑去。

## 2 IDEA 充足收纳柜 一次满足卸妆、更衣需求

卸妆、更衣的地方有柜子可以放生活用品与干净衣物，长镜面的背景是朴实的白色岩片砖与金色的琉璃玻璃，增添细腻的高级质感。

## 精选案例十一　开放式趣味浴室
## 增设上掀式窗以及空调，就能拥有无隔间浴室

白色系的房间，搭配着木地板，把浴室从牢笼里释放出来！开阔的主卧空间，让主人像小鱼儿般，畅游在水蓝色的大海中，没有阻碍。

1 IDEA

### 木地板与马赛克地面

睡寝区与浴室以不同地面材质区隔，暗示空间功能的转换，由厅区进入房内，打开房门即完全遮蔽浴室。

风格｜开放式趣味沐浴氛围
设备分析｜不锈钢面盆、马桶、浴缸
主要建材｜马赛克、胶合玻璃

## 加大房门 预防开放浴室春光外露

净白的浴缸与睡寝区毫无区隔，两者通过木地板与马赛克地砖进行转换。为什么要将浴室开放地这么彻底？设计师认为，舒服地享受沐浴时光，是日常生活中不可或缺的事情，精致的卫浴设备有如艺术品般，成为空间里的展示主角。主卧室以纱、木门与玻璃分隔出睡寝、过道及浴厕三区，不同的透光效果，营造不同的空间感受。

设计重点 1

如果移动了马桶位置，又不想升高地面，可以选用壁挂式马桶，排水就不会有问题。

## 上掀窗设计 通风效果更佳

至于浴室的排水、通风问题，设计师认为选用一般的设备即可，但须掌控排水部分的工程细节，要求能在短时间内让水迅速排出。另一个散热风、排水汽的方式，是在洗涤面盆区增设窗户，在淋浴时应将窗户上掀，通风效果佳，也无春光外露之虑。

设计重点 2

花洒的水流的确比一般龙头温和，水花不会四溅，但也要注意是否需要加装加压电机。

2 IDEA

### 玻璃隔屏区隔卫浴两区

玻璃隔屏保证马桶区的私密性，也是展现精致浴缸的最佳背景。

3 IDEA

### 低陷沟槽 方便水流迅速排出

小尺寸马赛克砖独特的不平贴特性与反光效果，在光影投射下更显立体缤纷。墙边刻意低陷的沟槽，方便淋浴时的水流迅速排出。

## 精选案例十二　马赛克艺术浴室
## 白色马赛克砖砌出防水洗手台，在窗边打造明媚开放浴室

拥有自然山壁的绝佳景观，加上空间面积较小，设计师决定浴室不设边墙，让最灿烂的山景陪伴沐浴时光。

1 IDEA

### 洗手台设置于外部　迎接自然光

将使用频率最高的洗手台面安排在最外部，让明媚的自然景致时时陪伴。

风格｜马赛克开放浴室

设备分析｜马桶、淋浴间、订制浴柜、水龙头

主要建材｜圆形马赛克（罗特丽）、紫檀木地板、窗帘

## 景观为考虑 挪动浴室位置

原先主卧卫浴是安排在床尾后的空间，是封闭式的，但考虑到房子后方恰好是山壁，拆除墙面后，改以大面清透玻璃区隔，粗犷的自然山壁迎上前来，成为不可多得的景致，于是将更衣室位置与浴室对调，让浴室拥有最佳的视野。使用率最高的面盆洗涤区设置在窗旁，淋浴间则安排在尽头，恰巧成为视觉屏障，避免来自卧寝区的视线一眼望穿，如厕区安排于两者间的隐秘地带。

**设计重点 1**

嵌入式音箱的优点是不占地方、防潮性高，但在施工前要仔细规划才能预埋音响线。

## 木地板延展全室 界线更模糊

习惯欧美生活的业主，原本在与设计师讨论主卧规划时，曾提出全室铺设地毯的想法，让柔软的地毯一路由卧寝区延展至浴室，但考虑到山区的湿气环境，保养不易，最后改用温润的木地板，如此一来，浴室与睡寝区的界线更模糊，也更为整体一致。因此仅设置了淋浴间而无泡澡区，水汽相对减少。

**设计重点 2**

有按摩水柱的设备需要较大的水压，如果楼层和水塔之间的高低落差在三层楼以内，最好加装加压电机。

**2 IDEA** 浴室铺设木地板 圆形马赛克跳上墙身

卧室铺设温润质感的木地板并延伸至浴室，统一全室设计风格 ，圆形马赛克不规则排列，增添墙面的律动感。

## 落地长镜
## 反射户外好景色

透过落地长镜反射，瞥见屋外春光绿意，放大空间感，也是实用性极高的整衣镜。

## 陶瓷与金属的对应
## 趣味横生

马赛克也运用在淋浴间，与金属淋浴设备相互呼应，增添淋浴间的趣味性，也留下业主拼贴马赛克的美好回忆。

3 IDEA

## 白色马赛克装饰 写意优雅闲适

浴镜框与浴柜皆贴饰马赛克，显得相当随性，搭配白色陶瓷面盆、线条利落的水龙头，展现十足现代艺术感。

## 精选案例十三　全家同乐浴室
## 采砾石结合壁砖，营造轻松舒适氛围

将浴室的面积扩大是未来空间设计的趋势，宽敞的空间加上完善的功能配备，浴室将成为全家人共同的休闲空间。

**1 IDEA**

### 双面盆 同享沐浴时光

主卧卫浴采用饭店式的双面盆设计，方便业主夫妇同时使用，淋浴柱与 U 形龙头，更为空间增添优雅的气息。

**风格**｜全家同乐浴室

**设备分析**｜大型双人按摩浴缸、淋浴塔、淋浴间兼蒸气房

**主要建材**｜洗石子、不锈钢、蒂诺大理石、抛光石英砖、黑金锋石

## 酒店式浴室规划 减压设备一应俱全

主卧浴室除了采取加大的浴缸和双面盆的设计之外，更独立规划了淋浴间，并且通过户外的造景引进绿意和自然光，提升业主一家人的沐浴体验，让家中浴室实现酒店般的舒适规划。

设计重点 1

使用深度较大的浴缸，一定要留意新设台阶的高度不要大于 15 厘米。

## 采砾石 VS 石英砖 对比之下展现精致美感

搭配对比色或协调色的材质和色彩变化，是设计师处理空间的另一个重点。设计师利用对比材质的技巧，将接近天花板的墙面部分以浅色采砾石铺陈，下半部墙面则用平滑的抛光石英砖，让空间同时保留自然气息又易于清理，呈现空间精致的层次美感。

设计重点 2

嵌入式面盆若是由下往上嵌，台面不只要付挖孔（面盆）的费用，孔的四周要磨边，还要另付一项费用。

2 IDEA

## 户外庭园借景 淋浴也有绿意相伴

主卧卫浴另规划独立的淋浴间，还有一个小小的户外庭园可借景，让沐浴真正成为洗涤身心的生活享受。

## 精选案例十四　亲子浴室
## 四种建材组合出度假超大浴室，用渐层色调变化视觉

留给浴室一个最棒的位置！在斜屋顶之下安排一座超大浴池，享受亲子一起泡温泉的乐趣，绝对幸福满分！

**1 IDEA** 洗石子墙面区隔卫浴区　保证区域独立性

延续整栋建筑物黑、灰、白的风格，搭配度假氛围的营造，以洗石子墙面搭配玻璃，作为卫浴区的转换联结。

风格｜亲子浴室
设备分析｜面盆、马桶、淋浴间、龙头
主要建材｜观音石、帝王黑大理石、伯朗石、仿古白砖、洗石子

## 超大卫浴 3米长洗手台的视觉延伸

设计师利用“在家做SPA”的概念，以约10平方米的卫浴间满足业主一家人的需求。进门处长3米的帝王黑大理石洗手台，以沉稳的姿态横亘右侧墙面，无形中拉长了空间，左侧的双洗手面盆仅占据了1/3的台面，完全可以想象其台面多么宽阔。

## 独立浴池 亲子共享泡澡乐趣

以观音石砌成约1.5米×1.2米的宽阔浴池，让亲子四人共享泡澡乐趣。而正好处于斜顶处位置的浴池，也一改传统在天花板上施加木板的设计，反倒是借其挑高，挂了一盏水晶灯。踏着南方松垫高的踏板，缓缓坐入砌高一阶的浴池中，望着窗外的绿意美景，沉浸在水晶灯制造的浪漫氛围中，实在是度假的最高享受。

设计重点 1

为了浴室的舒适度，也设计了空调，但是分离式容易破坏美观，悬吊式虽贵但比较好。

设计重点 2

大浴池施工前的防水工程不能省，下方要先铺防水布再进行防水工程，免得水漏到楼下造成纠纷。

## 2 IDEA 多材质颜色拼组浴室 明亮度假心情

浴室以灰色伯朗石铺面，并在洗手台面墙不会碰到水的部分，保留刷漆的仿古白砖，再以洗石子腰带收边，体现质朴原味，带来舒适度假心情。

# 精选案例十五　极简云石浴室
## 将夸张奇想注入空间，小浴室也有大惊奇

来看看设计师如何设计一间风格浴室，特殊的云石纹理，让你惊呼浴室也能这么美！

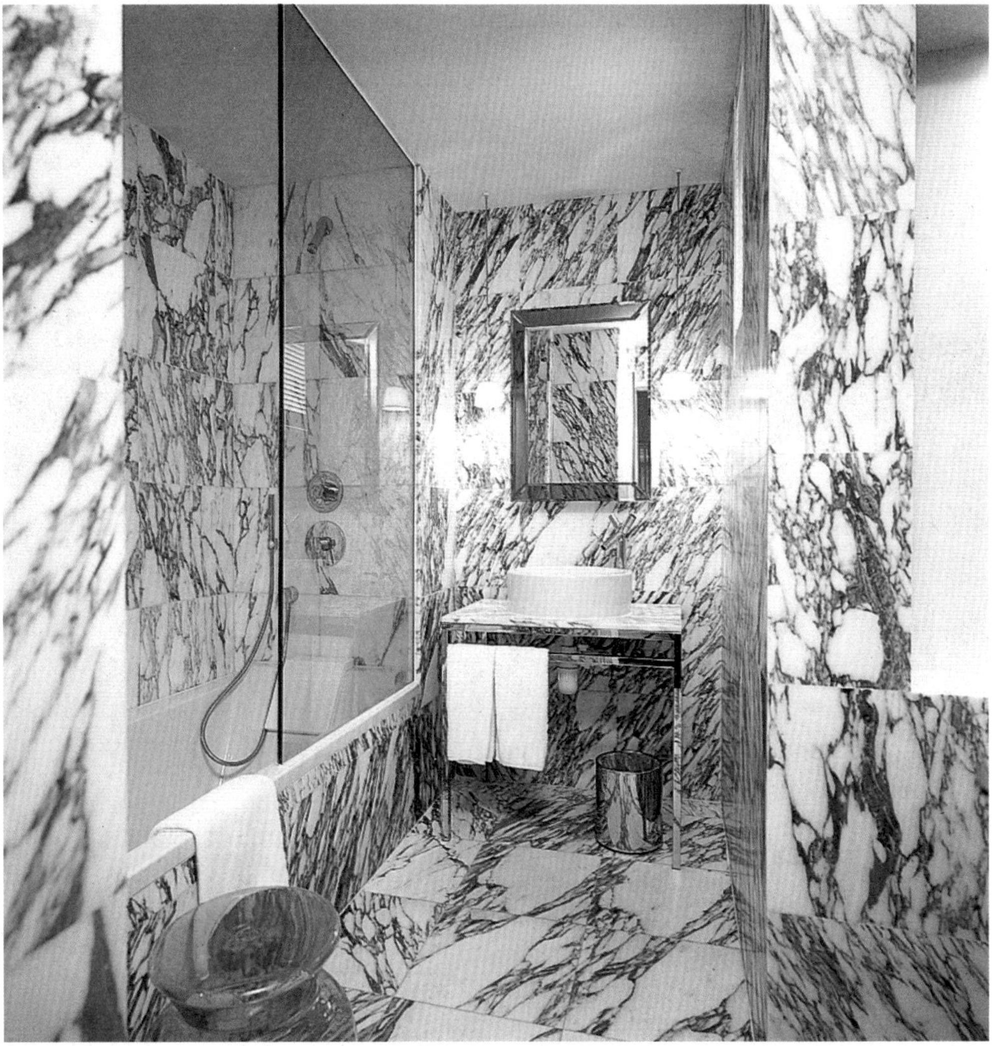

### 极简线条为小面积空间制造宽敞感

为了保有小面积浴室的宽敞感，设计师以最简单的线条、利落的铝架面盆和镜子，简单几笔就勾勒出现代感十足的浴室。

风格｜极简云石浴室

设备分析｜面盆、浴缸、淋浴塔、蒸气室（兼淋浴间）

主要建材｜云石、彩色玻璃

## 云石纹理 挥洒小空间磅礴气势

虽然有两室两厅和一室一厅等房型，但在卫浴空间的分配上几乎都属小面积设计，因此如何让小浴室拥有舒适的空间感？以特殊纹理的云石铺陈一室，白底灰纹的云石带来强烈的视觉感受，非但没有让空间显得更小，反而让小面积空间呈现磅礴气势。

设计重点 1

学大师的大胆配色吧！多色彩玻璃隔屏省钱、防水、又美观。

## Starck 作品总动员 经典一次拥有

因为是以 Philippe Starck 设计为号召，所以 JIA 酒店里的每一件物品，几乎都出自 Philippe Starck 之手，就连浴室也不例外，浴缸、龙头甚至门把，无一不是他脍炙人口的作品，透过 Philippe Starck 巧妙的组合过后，让浴室也能有强烈的个人风格。

设计重点 2

即使小于 7 平方米的浴室，还是可以把马桶藏起来，本屋将厨房相邻区切成一个小空间，刚好从浴缸处不容易看见马桶。

## 相同石材呼应 空间美感层次分明

白底灰纹的云石从厨房一路铺陈到浴室，强烈的石材纹理与白色的空间基调互衬，让空间的立面层次分明，成为最天然的壁面装饰。

## 精选案例十六 自然无压绿色浴室
## 镜面强化光线亮度，给浴室的绿色深呼吸

浅色调的建材，搭配全然开敞的窗户，全室清新明亮，让窗外的绿意走进室内，令人仿佛置身于大自然的怀抱。

1 IDEA

### 洗手台面离地处理 符合人体工学清洁便利

开放式的台面柜让空间更开阔，柜体离地处理，除了方便洗地拖地，洗手时身体也不用过度弯曲，双脚也有多余空间置前，更符合人体工学概念。

风格｜自然无压
设备分析｜面盆、水龙头
主要建材｜米色抛光石英砖、米色马福林大理石

## 浅色建材搭配玻璃镜面

以自然景观为天然装饰的代官山豪宅，拥有独一无二的景观条件，主卧室附属的卫浴间一律采用浅色调的建材，搭配上全然开敞的玻璃窗、干湿分离的玻璃隔间以及大片镜面，即使设置了沐浴间和泡澡池，空间仍非常开阔。

## 天花板内埋设间接灯源

如此明亮通透的浴室，除了仰赖充足的自然光源外，设计师在天花顶上也悄悄地做了手脚，一般常用于厅区的间接灯源，在这里却成了另一项点亮空间的能手，即使到了晚上，也能确保浴室的每个角落都有充足的照明。

设计重点 1

浴室内收纳柜怕拥挤，没有又不好用，可以考虑层板式的收纳。

设计重点 2

由上往下的嵌入式面盆施工，台面仅需挖孔费用，比由下往上的内嵌式施工便宜一些。

2 IDEA

### 大片洗手镜面 反射户外绿景

满室的户外绿意除了通过大面玻璃窗引入室内，借助大片洗手镜面也能反射绿意，在洗手时也能享受自然美景的陪衬。

## 精选案例十七　阿拉伯风皇族浴室
## 与主卧互通的开放浴室，用立柱与纱帘巧妙遮挡视线

能想象自己如贵族般沐浴在晨光中吗？阿拉伯风格的浴室满足所有人的梦想，为你带来更多生活的乐趣。

**1 IDEA**

### 挑高设计 沐浴舒压好视野

充满异国风的廊柱在挑高建筑的映衬下，更觉得空间开阔无界，沐浴时也能远望屋外阳台的好景色。

风格｜阿拉伯行宫
设备分析｜面盆、浴缸
主要建材｜木化石、新米黄大理石、大理石马赛克

## 精品酒店规划概念 迷人皇族行宫氛围

以阿拉伯风格为设计主题，空间内以拱形立柱、层层纱帘，让各区域既开放又独立，风格延续到主卧室与浴室内，有如五星级酒店般的齐全功能，加上充满异国风情的家饰、壁饰，在一片烛光中，呈现迷人的皇族行宫氛围。

设计重点 1

虽然浴室内采用没有隔间的设计，长形浴室可以一眼望到底，但安排马桶位置时，还是要从浴缸的角度考虑。

## 拱形立柱装饰 引自然光入室

浴室的设计，以拆除传统墙壁概念出发，让人与人之间的关系更为紧密，借助两道拱形立柱产生心理上的空间分隔，也让光线大量的被引进室内来，穿过大落地玻璃窗，仿佛沐浴在天光云影中。独立式浴缸则成为浴室最惹人注目的享乐焦点，蛋状的造型有如精致的艺术品，为空间带来优雅的生活乐趣。

设计重点 2

安装独立型浴缸前，必须先确认好给排水的位置，如果是变动过排水位置，地面必须稍垫高。

## 豪宅双板设计 维修管线更方便

浴室内预留 60 厘米规划双板设计，维修浴室即可在自己家中进行，无须麻烦楼下住户，让每一户的隐私度更高。

# 设计公司名录

| 设计公司 | 电话 | 设计公司 | 电话 |
|---|---|---|---|
| CJ STUDIO | 02-27738366 | 林志宏建筑师事务所 | 02-23252156 |
| ERI 国际空间规划事务所 | 02-26530423 | 林容雪设计师 | |
| IS 国际设计 | 02-27674000 | 空间密码设计 | 02-27263707 |
| LH 空间设计 萧勇殿 | 0927-037618 | 邱诚设计 | 02-23699172 |
| LOOK 设计顾问公司 | 06-2099089 | 金秬空间设计 罗淳 | 0966-371338 |
| PMK 张博闵设计工程 杨宥祥 | 02-27581858 | 冠宇和瑞空间设计 | 03-3584168 |
| Studio.Ho（好适设计）何俊毅 | 02-25071179 | 界阳 & 大司室内设计 马健凯 | 0939-809401 |
| 丁薇芬设计工作室 | 0976-379005 | 俱意室内设计 | 02-27076462 |
| 十邑设计工程 | 04-24636712 | 将作空间设计 张成一 | 02-25116976 |
| 大湖森林室内装修 | 02-26332700 | 理扬设计 吴函霖 | 02-25559838 |
| 六相设计工作室 吴至伦 | 02-23259095 | 理想家设计 | 02-85011072 |
| 水相设计 李智翔 | 02-27005007 | 盛宇设计 | 0955-223265 |
| 玉马门创意设计 林厚进 | 02-25338810 | 郭璇如设计工作室 郭璇如 | 02-28622227 |
| 禾筑国际设计 | 02-27316671 | 无有建筑设计 | 02-27566156 |
| 宇艺设计 陈泓宇、高佩瑜 | 02-27388918 | 咏翊设计 | 02-27491238 |
| 江宏建筑师事务所 | 02-28748008 | 云邑室内设计 | 02-23649633 |
| 百速空间设计 李育奇 | 03-9534531 | 绿境园艺（绿境景观工程行） | 02-29388755 |
| 西捷空间设计 陈建宏 | 02-25992275 | 远硕设计 康铭华 | 03-3382061 |
| 西华设计 | 02-27585569 | 齐舍设计事务所 简武栋、柳絮洁 | 02-25213969 |
| 吴威震建筑室内设计 | 02-27533975 | 筑内国际 | 02-87726677 |
| 其可设计 吴怡贤 | 02-27715066 | 鼎睿设计 | 03-4331439 |
| 宜禾营造 | 04-24735100 | 薇尼设计 | 0932-353425 |
| 明代室内设计 | 02-25788730 | 艺念集私空间设计 | 070-10181018 |
| 青埕空间整合设计 | 03-2813777 | | |

# 厂商名录

| 厂商 | 电话 | 厂商 | 电话 |
| --- | --- | --- | --- |
| MFI 三商美福设计家具 | 02-21831633<br>0800-203333 | 格兰登厨具 | 02-27719058 |
| TOTO | 02-23452877<br>0800-890250 | 御庭股份有限公司 | 02-25783344 |
| 一顺名厨 | 07-3386589 | 通选厨具 | 03-3660790 |
| 三雅橱柜卫浴精品 | 02-87325808 | 陆旸国际 | 02-23965757 |
| 三纬企业 | 04-22593289 | 凯勤厨具 | 02-27392588 |
| 上优股份有限公司 | 02-27005899 | 尊厨国际有限公司 | 02-27003606 |
| 千庆国际股份有限公司 | 02-27098000 | 尊柜国际事业股份公司 | 02-27921120 |
| 世磊实业股份有限公司 | 02-27609666 | 晴山美学 | 02-27199160 |
| 加企国际股份有限公司 | 02-27470277 | 朝展贸易股份有限公司 | 02-21001288 |
| 台湾松下环境方案股份有限公司 | 02-25816020 | 莱德厨具有限公司 | 02-22559777 |
| 台湾樱花（大雅店） | 0800-021818 | 象印 | 02-25069838<br>0800-880141 |
| 弘第企业股份有限公司 | 02-25463000 | 雅登厨饰国际有限公司 | 02-28946006 |
| 禾久贸易股份有限公司 | 02-26083266<br>#30 | 新弘 | 04-92328458 |
| 光华家饰有限公司 | 02-23215488 | 楠弘 | 07-3382000 |
| 好时代卫浴／雅鼎 | 02-27629888<br>02-25285708 | 当代国际（台湾总代理） | 04-23200151 |
| 旭展国际股份有限公司 | 02-27415820 | 义葳德名厨 | 02-87807772 |
| 艾柏汉厨具有限公司 | 02-27362002 | 豪山国际股份有限公司 | 04-25343566<br>0800-035568 |
| 志成国际 | 04-25620829 | 远泰国际开发有限公司 | 02-25988149 |
| 佳群贸易有限公司 | 02-25067398 | 德奥名厨 | 02-87525006 |
| 和成欣业股份有限公司 | 02-27925511<br>0800-823823 | 德厨名店（德隆事业股份有限公司） | 04-22540672<br>0800-606-123 |
| 松华实业股份有限公司 | 02-25517700 | 乐家亚洲有限公司（台北办事处） | 02-66398063 |
| 采砌实业有限公司 | 02-86260383 | 欧盟厨具（新井实业有限公司） | 04-23552879 |
| 阜都精品卫浴 | 02-26932958 | 毅太企业股份有限公司 | 0800-042111 |
| 信州贸易有限公司 | 02-23569366 | 璞舍股份有限公司 | 02-27608938 |
| 城昌企业 | 02-22999299 | 筑礼 | 02-27908399 |
| 客林渥股份有限公司 | 02-27942588 | 橱域国际有限公司 | 02-87926072 |
| 恒威实业股份有限公司 | 03-3135566 | 丽居国际事业股份有限公司 | 02-87911788 |
| 恒畅有限公司 | 02-86471002 | 丽舍（台北旗舰馆） | 02-27130055 |
| 春积企业有限公司 | 02-27979222 | 丽室卫浴 | 07-3489997 |
| 皇颖企业 | 07-2265877 | 丽莱登 | 02-26253111 |
| 格丽斯橱坊 | 04-23308838 | 宝隆尼意大利进口厨具 | 02-87928895 |

《卫浴+厨房超级装修大全》



版权合同登记号/14-2017-0499

图书在版编目（CIP）数据

打造理想的家 ：厨房、卫浴设计与改造 / B+A编辑部著. -- 南昌 ：江西科学技术出版社，2018.2
ISBN 978-7-5390-6120-7

Ⅰ. ①打… Ⅱ. ①B… Ⅲ. ①厨房－室内装饰设计②卫生间－室内装饰设计 Ⅳ. ①TU241

中国版本图书馆CIP数据核字(2017)第262550号

国际互联网（Internet）
地址 :http://www.jxkjcbs.com
选题序号：ZK2017332
图书代码：B17108-101

责任编辑 魏栋伟
特约编辑 段梦瑶
项目策划 凤凰空间
售后热线 022-87893668

打造理想的家 厨房卫浴设计与改造 B+A编辑部 著

出版发行 江西科学技术出版社
社址 南昌市蓼洲街2号附1号
邮编：330009 电话：(0791)86623491 86639342(传真)
印刷 北京博海升彩色印刷有限公司
经销 各地新华书店
开本 710 mm×1 000 mm 1/16
字数 166 千字
印张 13
版次 2018年2月第1版 2024年1月第2次印刷
书号 ISBN 978-7-5390-6120-7
定价 68.00元

赣版权登字－03－2017－384